Petit Précis
d'*Algèbre*
à déguster

Petit Précis d'*Algèbre* à déguster

Michael Willers

Traduction Jacques Melot

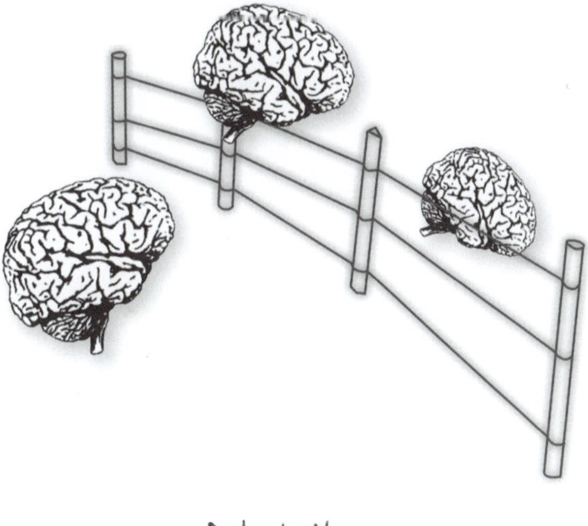

8, rue Férou 75278 Paris cedex 06
www.editions-belin.com
Belin

Dans la même série,

PETIT PRÉCIS DE *Géométrie* À DÉGUSTER

PETIT PRÉCIS DE *Chimie* À DÉGUSTER

PETIT PRÉCIS DE *Physique* À DÉGUSTER

Retrouvez tous les titres des éditions Belin
sur notre site Internet **www.editions-belin.com**

Titre original : *The bedside book of Algebra* © 2009 by Quid Publishing
Photos : pages 33, 51, 58, 90, 102, 122, 140, 144 et 169 © Corbis.
Illustrations : Lindsey Johns.
Imprimé en Chine.

ISBN 978-2-7011-5960-7

SOMMAIRE

INTRODUCTION À L'ALGÈBRE

Les gens ont des opinions très diverses sur les mathématiques. Pour certains, elles recèlent toute la beauté de l'Univers ; le mathématicien et philosophe anglais Alfred North Whitehead (1861-1947) y voyait « la plus originale création de l'esprit humain ». D'autres, en revanche, en ont une vision décourageante : ils les envisagent comme des équations sur un tableau noir ou comme des nombres associés aux impôts, factures et autres sujets de contrariété.

Ces deux conceptions opposées sont par trop caricaturales. En effet, le plus irréductible ennemi des chiffres ne peut pas ne pas être séduit par la beauté d'une chose aussi simple et fascinante que la suite de Fibonacci lorsqu'il l'observe dans la nature. D'un autre côté, même le plus mordu des maths est bien contraint d'admettre que beaucoup des plus beaux concepts mathématiques sont enveloppés de mystère et, par là, inaccessibles au commun des mortels.
Cette étrangeté peut effrayer et saint Augustin, au IVe siècle, alla même jusqu'à déclarer : « On peut redouter que les mathématiciens aient passé un accord avec le diable dans le but d'obscurcir l'esprit et maintenir l'homme dans les chaînes de l'enfer », un sentiment que plus d'un élève découragé partage sans doute.

« Les lois de la Nature sont écrites en langage mathématique. »

Galilée (1564–1642)

En fait ces deux conceptions n'ont rien d'incompatible. Certains concepts sont, certes, difficiles, mais les mathématiques recèlent aussi beaucoup de beauté. Pour comprendre vraiment ce que sont les mathématiques, nous devons mettre en évidence leur objet, ce qui les distingue des autres disciplines et comment elles sont apparues, puis se sont développées. Le présent livre a pour but de vous guider dans ce parcours. Chemin faisant, nous traiterons d'une foule de questions intéressantes et qui vous tiendront en haleine, tout en faisant le lien avec la réalité quotidienne. Lorsque cela s'avérera impossible, nous nous contenterons de nous extasier devant la beauté que les nombres nous dévoilent.

LES MATHÉMATIQUES ?

Les mathématiques ont été diversement définies. On y a vu la science des nombres et des grandeurs, la science des formes et des relations, ou encore le langage de la science. Galilée (1564-1642) est allé jusqu'à déclarer que « les lois de la Nature sont écrites en langage mathématique ». En réalité, les mathématiques sont tout cela à la fois et un champ de recherche en pleine expansion. Cet essor échappe souvent au grand public, mais les choses commencent à changer. Les découvertes scientifiques et les débats, comme celui concernant le réchauffement de la planète, ont fait naître un désir croissant de comprendre les structures mathématiques sous-jacentes. Les médias y sont aussi pour quelque chose et les mathématiques sont au cœur d'œuvres comme le film *Un homme d'exception* et le *Da Vinci code*, succès de librairie de Dan Brown. La présence d'une affiche représentant des objets fractals dans la chambre d'un adolescent trahit aussi une sensibilité à la beauté mathématique, que l'on perçoive ou non les nombres derrière la forme.

Malgré cela, certains voient encore dans les mathématiques une discipline figée, sans lien avec le monde réel. La faute en incombe sans doute à des méthodes d'enseignement qui s'appesantissent pour l'essentiel sur des résultats établis depuis des millénaires. Cela ne veut pas dire que ces matières soient sans importance ou inintéressantes, mais elles transmettent rarement la fluidité de la création et certainement pas leur histoire. Or l'histoire des mathématiques est très riche et dans les pages qui suivent nous présenterons nombre de ces mathématiciens fascinants qui ont participé à leur élaboration et à leur enrichissement.

• Les nombres de la suite de Fibonacci se retrouvent dans la Nature. Dans l'exemple choisi, la marguerite a vingt et un pétales.

Courte histoire des mathématiques

L'histoire des mathématiques est réellement ancienne, comme l'attestent des os de loup taillés d'encoches vieux de quelque trente mille ans.

On sait maintenant que les mathématiques ne sont pas l'apanage exclusif de l'Homme – on a par exemple montré que les corneilles peuvent distinguer des ensembles ayant jusqu'à quatre éléments, ce qui prouve que, en dehors de l'Homme, d'autres êtres vivants peuvent, dans une certaine mesure, aussi compter. D'où aussi la question : « Qu'est-ce qui est apparu en premier : l'Homme ou les mathématiques ? »

Compte tenu de la longue et riche histoire des mathématiques, il n'est guère surprenant que la contribution de grands mathématiciens se soit étendue bien au-delà de cette discipline. Nombreux sont ceux qui furent des humanistes accomplis, que ce soit en tant que savants ou comme philosophes. S'intéresser à l'histoire des mathématiques, c'est s'intéresser à l'histoire de la civilisation. On peut même soutenir que la révolution scientifique de la Renaissance est liée étroitement à l'avancement des mathématiques. L'introduction au XIIIe siècle de la numération indo-arabe par Fibonacci (voir p. 94-95 et 98-99) a ainsi permis aux mathématiques de s'affranchir de la contrainte que constituait la numération romaine.

Les mathématiques n'ont pas progressé à la même vitesse partout. Leur avancement a connu des hauts et des bas. Des idées sont apparues, puis ont disparu pour être retrouvées plus tard. La connaissance ne s'est pas developpée dans une direction unique ; les mathématiques actuelles ont des sources diverses. Toujours est-il que nous devons beaucoup aux mathématiciens arabes et persans. Pris entre la Grèce et l'Inde, ils ont su faire la synthèse des deux mondes, avant que leur enseignement n'atteigne l'Europe et le berceau de la Renaissance.

De nos jours, les mathématiques envahissent tout. Bien sûr, de tout temps elles étaient présentes sous différentes formes, mais, aujourd'hui plus que jamais, elles jouent un rôle dans notre vie quotidienne. Le degré de perfectionnement atteint par nos ordinateurs montre que l'on accorde toujours plus d'importance au génie technique, lequel va pourtant de pair avec l'élaboration de théories mathématiques complexes. Quoi qu'il en soit, il n'est pas nécessaire d'être un crack de l'informatique ou un génie mathématique pour apprécier la beauté des nombres. Plus vous avancez dans la connaissance des mathématiques et plus vous constatez son influence autour de vous, sans nécessairement être au fait de la toute dernière théorie. Même les branches les plus complexes des mathématiques, comme la théorie du chaos, sont illustrées par des choses aussi banales que les volutes de la fumée d'une cigarette ou le tourbillon du lait versé dans votre thé. Comme le disait René Descartes : « Chez moi, tout est mathématique. »

« En géométrie, pas de voie royale »

• Euclide est célébré comme le « père de la géométrie ». La géométrie était la base des mathématiques grecques.

$$2x(3x - 4) = 6x^2 - 8x$$

• Le langage mathématique, d'une grande beauté, se joue des frontières et des continents.

La nature des mathématiques

Les mathématiques occupent une place unique dans la connaissance en ce sens qu'elles peuvent être tout à la fois concrètes et purement abstraites. L'addition peut, par exemple, être expliquée à l'aide d'une poignée de cailloux, alors que dans le même temps la somme $2 + 2 = 4$ constitue un énoncé général applicable à n'importe quel objet, qu'il s'agisse de cailloux ou de poires et peut même être une expression abstraite sans la moindre représentation concrète.

Une grande part de l'histoire des mathématiques reflète le passage d'une discipline concrète à une autre qui l'est moins. Pour les Grecs de l'Antiquité, les mathématiques étaient quelque chose de très concret fondé sur la géométrie. Une variable était représentée par une longueur, le carré d'une variable par une aire et son cube par un volume. Une telle approche pragmatique fit que les Grecs se heurtèrent à un véritable casse-tête lorsqu'ils en vinrent à s'attaquer à des concepts qui sortaient de ce cadre, tels les nombres négatifs.

Au cours des millénaires qui ont suivi, les mathématiques sont devenues de plus en plus abstraites et, de ce fait, ont gagné en flexibilité, mais sans que cette évolution se soit faite au détriment des applications. Même quand une idée s'y développe sur une base purement théorique, elle trouvera finalement une application dans la vie de tous les jours. Un bon exemple nous est fourni par le mathématicien français Joseph Fourier (1768-1830) qui travaillait sur des séries de fonctions trigonométriques. De son vivant, cette recherche fut théorique, un vrai casse-tête mathématique à résoudre, en quelque sorte de l'art pour l'art. Cependant, bien des années après, ce que Fourier a établi sert de base à la technique de conversion de l'analogique en numérique utilisée notamment pour la réalisation de nos CD.

Le langage des mathématiques

Une des choses les plus fascinantes concernant les mathématiques est qu'il s'agit d'un langage universel. Elles sont communes à tous, contrairement aux langues humaines.

J'ai de nombreux étudiants étrangers dans mes classes. Lorsqu'ils rapportent leurs manuels de leur pays, je n'y comprends pas un traître mot, sauf précisément les formules mathématiques. Comme le grand mathématicien

allemand David Hilbert (1862-1943) l'a écrit, « les mathématiques ignorent les cultures autant que les frontières ».
Cela peut surprendre mais, les mathématiques sont universelles au sens propre du terme. C'est pour cela que la recherche d'une intelligence extraterrestre fait usage de représentations binaires de π et de nombres premiers (voir p. 16) pour témoigner de notre présence à qui pourrait recevoir nos signaux. Il est en effet invraisemblable qu'une forme d'intelligence extraterrestre puisse comprendre le mot « bonjour » dans quelque langage humain que ce soit. En revanche, il est probable qu'elle ait une connaissance du nombre π issue d'une familiarité avec le cercle ; et, bien que leur principal système mathématique puisse être différent du nôtre qui utilise la numération en base 10, il est probable que la numération binaire ne leur serait pas étrangère (marche-arrêt, jour-nuit, oui-non, etc.).
Par nature, plus vous utilisez les mathématiques et plus vous les appréciez ; mieux vous les connaissez et plus vous êtes conscient de leur omniprésence. Les mathématiques sont belles et pleines de vie. Leur intemporalité fait toute leur puissance.

• Les cinq solides de Platon. Ces formes fascinantes ont des propriétés uniques (voir p. 52–53).

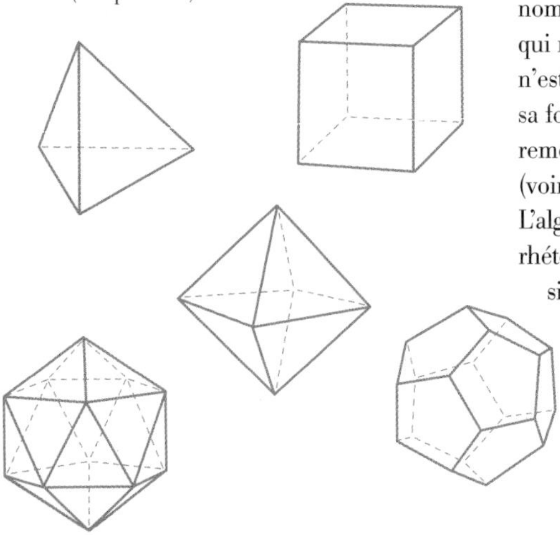

QU'EST-CE QUE L'ALGÈBRE ?

Le mot « algèbre » est tiré d'une œuvre d'Al-Khawarizmi (voir p. 86–87) intitulée *Hisab al-jabr w'al-muqabala*, où « al-jabr » devait devenir « algèbre », ce qui fait qu'Al-Khawarizmi est parfois considéré comme le « père de l'algèbre ».
Dans ce livre, il sera question de l'algèbre enseignée dans les universités partout dans le monde.
Nous nous intéresserons à l'algèbre qui traite des quatre opérations sur les nombres et les variables, à des choses qui ressemblent à $3x + 5 = 9$. L'algèbre n'est bien sûr pas apparue d'emblée sous sa forme actuelle. La notation actuelle remonte à René Descartes, au XVIIe siècle (voir p. 116–117).
L'algèbre connut d'abord une période rhétorique qui s'étendit jusqu'au IIIe siècle. Elle se présentait sous la forme d'un discours. De nos jours, ce type d'algèbre serait la hantise des étudiants, lesquels recherchent la sécurité procurée par des formules précises. Plutôt que d'avoir à

NOTATION ADOPTÉE

La notation adoptée dans ce livre est celle utilisée partout, à cela près que pour le symbole de multiplication nous utiliserons le point centré (•), et non ×, afin d'éviter toute confusion avec la lettre x dont nous réserverons l'usage pour les variables.
Pour des raisons de clarté, les nombres sont donnés tantôt en chiffres, tantôt sous forme de mots.

«Les mathématiques ignorent les cultures autant que les frontières.»

David Hilbert (1862–1943)

résoudre quelque chose comme $3x + 5 = 9$, jadis on aurait dit «une quantité augmentée par trois fois d'une quantité égale à elle-même, puis accrue de cinq doit donner neuf».

Ensuite l'écriture de l'algèbre se condensa avec l'introduction de symboles et de raccourcis, comme dans les œuvres écrites de Diophante (voir p. 64-71) et de Brahmagupta (voir p. 78-79). Il s'agissait là d'un progrès, mais la formalisation ne restait que très partielle.

L'étape finale, du moins en ce qui nous concerne dans ce livre, fut atteinte avec l'algèbre symbolique. C'est l'algèbre que nous connaissons et apprécions à l'heure actuelle. Lorsque nous écrivons $3x + 5 = 9$, x est l'inconnue et nous pouvons résoudre l'équation sans faire appel à aucune considération étrangère aux mathématiques. L'opération est purement théorique et n'a pas besoin d'être liée à quoi que ce soit de concret.

Cette notation connut son plein développement avec René Descartes, ses écrits algébriques étant aussi les plus anciens pour lesquels la notation employée ne causerait pas de réelle difficulté de compréhension à un étudiant contemporain.

À côté de cela, comme nous l'avons déjà vu, l'algèbre passa par des degrés croissants d'abstraction. Pendant les périodes babylonienne, égyptienne et grecque, les mathématiques se réduisaient essentiellement à la géométrie, ce qui rendait les concepts de zéro et de nombres négatifs absurdes. Même après que l'algèbre fut devenue symbolique subsista l'aversion pour les nombres négatifs, lesquels étaient encore regardés avec suspicion en Europe au XIVe siècle.

L'algèbre consista ensuite à résoudre des équations, comme nous le ferons dans le reste de ce livre.

Entamons donc sans plus tarder notre périple. En cours de route, nous ferons connaissance avec des personnages et, surtout, avec des idées suscitant l'enthousiasme, et nous résoudrons quelques problèmes qui viendront tempérer ce dernier. Commençons par quelques rudiments d'algèbre.

Chapitre

1

Les rudiments

Dans ce premier chapitre, nous jetterons un coup d'œil sur quelques éléments fondamentaux de l'algèbre. Nous commencerons par faire connaissance avec différentes sortes de nombres, comme les nombres entiers, les rationnels, les irrationnels, et avec le nombre favori de tous : le nombre π. Nous nous intéresserons ensuite aux différentes manières de résoudre des équations simples, en même temps que nous prendrons connaissance de certains aspects historiques captivants.

NOMBRES ET NOMBRES 1re partie

Un nombre n'est rien qu'un nombre, non ? Eh bien… pas vraiment. Les nombres ressemblent aux gens : ils appartiennent à différents groupes, tout comme dans une école il y a les élèves qui ne s'en font pas, les forts en thèmes, etc. En fait, certains nombres sont des carrés, d'autres sont dits parfaits, et un nombre est même d'or (p. 100-101). Avant de nous attaquer à ces merveilles, jetons un coup d'œil sur les éléments de cette classification.

Les ensembles de nombres

Imaginons l'Homme des cavernes tuant le temps en comptant des cailloux. Nous aurions affaire là à l'ensemble de nombres le plus élémentaire, celui servant aux dénombrements, les nombres *entiers naturels* :
1, 2, 3, 4, etc. Cet ensemble a suffi pendant longtemps et suffit encore dans bien des domaines. Élargir cet ensemble nécessite un bel effort de pensée : on lui ajoute alors le zéro, obtenant donc 0, 1, 2, 3, 4, etc.

La prochaine extension du concept de nombre, zéro inclus, est la hantise de beaucoup, à savoir l'ensemble des nombres négatifs. Comment s'en sortiraient le commerce et la finance sans les nombres négatifs ? L'ensemble des nombres positifs et négatifs, zéro inclus, s'appelle l'ensemble des *nombres relatifs*. Cet ensemble consiste donc en… −3, −2, −1, 0, 1, 2, 3, etc.

Concernant maintenant le prochain type de nombres, l'ensemble des nombres dits rationnels, il faut laisser l'Homme sortir de sa caverne pour le plonger dans un monde agricole où maintenant il élève des poulets.

Il veut échanger ses poulets contre une vache. Il se rend alors chez l'éleveur et apprend que le cours de la vache est de vingt poulets. Il n'en a que quinze, mais son frère Jean est prêt à lui en prêter cinq. Une fois la vache abattue, quelle quantité de viande doit-il donner à Jean pour le dédommager équitablement ? Eh bien, il recevra $\frac{5}{20}$ de la vache, soit $\frac{1}{4}$, après simplification.

Il s'agit là de fractions ou *nombres rationnels*. Leur ensemble comporte tous les nombres qui peuvent être exprimés comme quotient $\frac{a}{b}$, où a et b sont des entiers et b ne peut être nul – la division par 0 est rigoureusement proscrite. On peut encore exprimer cela en disant que les nombres rationnels peuvent être tout nombre décimal à finale exacte ou répétitive. Par exemple, $\frac{1}{4}$ est égal à 0,25 où la décimale est exacte. Toutefois, s'il fallait neuf poulets pour une vache, et que Jean puisse en fournir six, Jean

se verrait attribuer $\frac{6}{9}$ de vache, soit les $\frac{2}{3}$ ou encore 0,66666…, qui est un nombre à developpement décimal périodique. Ces deux types de nombre décimaux sont des nombres rationnels.
Jusqu'à présent, les ensembles que nous venons d'introduire s'emboîtent comme des poupées russes, mais cela s'arrêtera là, car le suivant restera à part. Les nombres qui ne peuvent pas s'exprimer sous la forme d'une fraction – les nombres décimaux qui ne sont ni exacts ni à décimales périodiques – sont appelés des *nombres irrationnels* : π (pi) et $\sqrt{2}$ en sont deux excellents exemples ; ils sont assez mystérieux, car leurs décimales continuent indéfiniment sans jamais devenir répétitives ni s'arrêter.

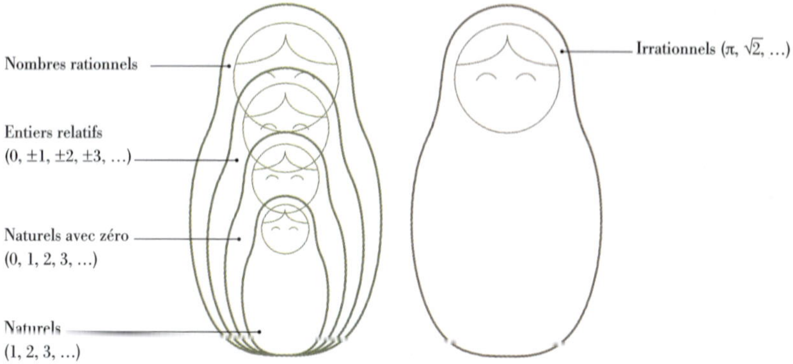

ZÉRO LE HÉROS

Nous utilisons le zéro tous les jours, mais peu parmi nous se font une idée exacte de son importance. Le zéro est pourtant une partie essentielle de notre système de numération. Bien que cela nous paraisse évident, le saut théorique que représente l'introduction d'un symbole pour représenter une entité absente est gigantesque ; dans l'Antiquité, ni les Grecs ni les Romains ne le connaissaient.
Le mathématicien indien Brahmagupta (voir p. 78-79) fut l'auteur du premier texte où zéro est traité comme un nombre. On prétend parfois que l'on ne peut pas se faire une idée de l'infini avant d'avoir saisi le concept du zéro. En fait, la maîtrise de ces deux notions est nécessaire à la compréhension des mathématiques, lesquelles sont utilisées dans les sciences, l'économie et l'ingénierie pour tout ce qui touche à l'infiniment petit et à l'infiniment grand. L'introduction du zéro doit être regardée comme l'un des grands moments de l'histoire des mathématiques.

NOMBRES ET NOMBRES 2e partie

Les nombres ont une vie sociale variée et appartiennent à différents groupes, rappelant un peu nos clubs. Nous avons vu comment les nombres sont contenus dans des groupes s'emboitant comme des poupées russes. Nous avons aussi introduit les nombres irrationnels, qui n'y entrent pas. Voici d'autres façons de grouper les nombres.

Les nombres premiers

Les *nombres premiers* constituent un sous-ensemble des entiers naturels. Il s'agit de nombres n'admettant que deux diviseurs exacts : eux-mêmes et 1. Si vous divisez un nombre premier par n'importe quel autre entier naturel, le résultat est une fraction irréductible ou un nombre avec des décimales non toutes réduites à zéro. Les nombres négatifs ne peuvent être premiers.
Le nombre 1 est également exclu.
Les *nombres* dits *composés* sont l'« opposé » des nombres premiers. Il s'agit des entiers naturels qui admettent un diviseur positif autre qu'eux-mêmes et 1. Les nombres composés sont donc tous les nombres non premiers, à l'exception de 1, qui n'est ni premier ni composé.

Les carrés

Nous disons « quatre au carré égale seize ». Vous êtes-vous jamais demandé pourquoi on parle ici de *carré* ? Eh bien, il se trouve que les anciens Grecs étaient de grands géomètres et appliquaient des propriétés géométriques aussi bien aux nombres. Seize est un carré, car on peut disposer seize points de manière à former un carré de quatre sur quatre. En réalité, seize est le quatrième carré. Nous sommes pour la plupart familiarisés avec les carrés, soit 1, 4, 9, 16, 25, etc. C'est tout simplement la diagonale de la table de multiplication au dos des cahiers de classe. La formule pour les trouver est n^2.

Les nombres triangulaires

Un ensemble moins connu est constitué par les *nombres triangulaires*, 1, 3, 6, 10, 15, 21, etc. Tout comme les nombres carrés forment des carrés, les nombres triangulaires peuvent être représentés par des triangles de points.
Certains nombres sont à la fois triangulaires et carrés. Nous en avons déjà rencontré un : le nombre un. Après cela, il nous faut attendre trente-six pour rencontrer un autre nombre qui se laisse représenter par un carré aussi bien que par un triangle, puis c'est au tour

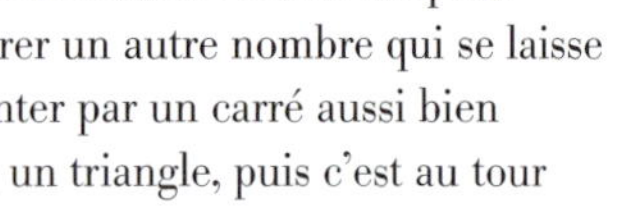

• Les premiers carrés (1, 4, 9, 16) représentés par des points disposés en carré.

LA GÉOMETRIE DES NOMBRES

Il y a bien d'autres ensembles de nombres «géométriques», dits *figurés*, que les nombres triangulaires et les carrés. La table ci-dessous en donne cinq. En remplaçant n par n'importe quel nombre dans la formule qui permet de les trouver, on obtient le nombre figuré correspondant. Ces nombres peuvent même être tridimensionnels, comme les nombres «tétraédriques», sommes de nombres triangulaires formant une pyramide à base triangulaire.

Nombres figurés	**Début de la liste**	**Formule**
Triangulaires	1, 3, 6, 10, 15, …	$\frac{n(n+1)}{2}$
Carrés	1, 4, 9, 16, 25, …	n^2
Pentagonaux	1, 5, 12, 22, 35, …	$\frac{n(3n-1)}{2}$
Hexagonaux	1, 6, 15, 28, 45, …	$n(2n-1)$
Heptagonaux	1, 7, 18, 34, 55, …	$\frac{n(5n-3)}{2}$

de 1 225, le suivant étant 41 616 : l'écart s'accroît au fur et à mesure que le nombre augmente. Comme nous allons le voir plus loin, il existe encore d'autres nombres géométriques.

• Le nombre trente-six, lorsqu'il est représenté par des points, s'avère tout à la fois un carré et un nombre triangulaire.

Les nombres parfaits

Un *nombre* est dit *parfait* s'il est égal à la somme de ses diviseurs entiers. Pour prendre un exemple, six est un nombre parfait, car ses diviseurs entiers sont 1, 2 et 3 et que $1 + 2 + 3 = 6$. Les nombres parfaits sont rares et ont quelque chose d'impeccable. Le nombre parfait suivant six est vingt-huit : ses diviseurs sont 1, 2, 4, 7 et 14, lesquels s'ajoutent en effet pour donner 28.

Le prochain nombre parfait n'apparaît pas avant 496, puis vient 8 128.

UNE BRÈVE HISTOIRE DE PI

Pi, noté π, se comporte en grande vedette. On m'offrit un jour une chemise portant π. Combien de fois n'ai-je pas entendu « Chouette, la chemise ! » Les gens aiment π, y compris le concept correspondant : c'est un pont vers les mathématiques au-delà de l'arithmétique de tous les jours. Pour beaucoup, c'est aussi le premier contact avec l'infini. Voici une brève histoire de π où l'on montre son importance.

Qu'est-ce que le nombre pi ?

Pi, noté π, est défini comme le quotient de la circonférence du cercle par son diamètre :

$$\pi = \frac{circonférence}{diamètre} = \frac{c}{d}$$

Cela donne parfois lieu à une confusion, quand π est qualifié d'« irrationnel » (voir p. 15), entendant par là qu'il ne peut être exprimé comme une fraction. Il faut alors se rappeler que par fraction on entend $\frac{a}{b}$ où a et b sont entiers. Dans le cas de π, au moins l'un des deux éléments de la fraction est nécessairement irrationnel. Ce fait est à la fois intéressant et curieux. En effet, si l'on peut écrire la valeur exacte du diamètre, il est impossible d'écrire la valeur exacte de la circonférence et réciproquement.

PI À TRAVERS LES ÂGES

Source	Année	Estimation
Papyrus Rhind	env. –1650	3,16045
Archimède (méthode de la moyenne des bornes par encadrement progressif)	–250	3,1418
Ptolémée	150	3,14166
Brahmagupta	640	3,1622 ($\sqrt{10}$)
Al-Khawarizmi	800	3,1416
Fibonacci	1220	3,141818

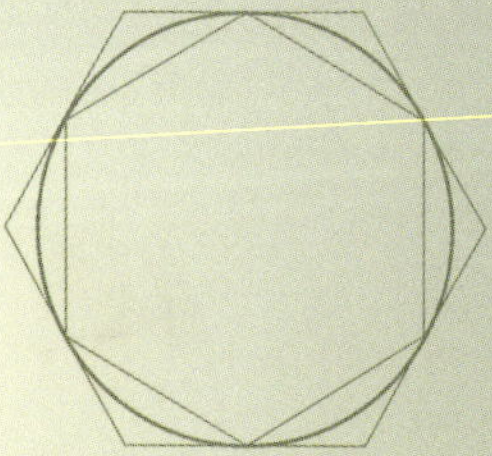

• Archimède calcula π par interpolation à l'aide d'une suite de polygones inscrits et circonscrits, calculant la moyenne des longueurs des deux polygones encadrant le cercle.

Pi est regardé comme une constante depuis des millénaires. Dans l'Antiquité, les Égyptiens lui attribuaient la valeur $\frac{25}{8}$ (soit 3,125) et les Mésopotamiens celle de $\sqrt{10}$ (soit 3,162).
Archimède fut le premier à approfondir l'étude de pi. En calculant le périmètre de polygones inscrits et circonscrits à un cercle, il put établir que pi se situait entre $\frac{223}{71}$ et $\frac{22}{7}$; c'est de là que vient l'approximation de π par $\frac{22}{7}$. Depuis, la précision avec laquelle pi est connu s'est accrue dans l'ensemble, bien que certaines anciennes estimations aient parfois été plus exactes que d'autres qui ont suivi (voir le tableau page précédente). Grâce à l'ordinateur, nous pouvons désormais estimer pi avec un nombre quasi arbitraire de décimales.

JOHN WALLIS

Troisième de cinq enfants, John Wallis naquit à Ashford (Angleterre) en 1616. En 1631 son frère l'initia à l'arithmétique et il entra à Emmanuel College (Cambridge) en 1632, passant l'équivalent du baccalauréat, puis, en 1640, sa maîtrise. Pendant la guerre civile (1642-1651), Wallis fit usage de ses compétences en mathématiques afin de décoder, pour le compte des parlementaires, les messages des royalistes ; nous nous intéresserons à la cryptographie dans le dernier chapitre.
À partir de 1649, Wallis occupa la chaire savilienne de géométrie à l'université d'Oxford, poste qu'il occupa jusqu'à sa mort, en 1703. Il est connu pour avoir introduit l'usage du signe ∞ pour désigner l'infini.

Les formules donnant pi

Le symbole π pour le nombre pi fut introduit par William Jones dans son livre *Synopsis palmariorum mathesios* (1706). Pi peut être aussi représenté par une série infinie de nombres, comme chez Madhava, mathématicien et astronome indien du XIVe siècle :

$$\frac{\pi}{4} = 1 - \frac{1}{3} + \frac{1}{5} - \frac{1}{7} + \frac{1}{9} \dots$$

Leonhard Euler (voir p. 140-141), mathématicien suisse du XVIIIe siècle utilisait, quant à lui :

$$\frac{\pi^2}{6} = 1 + \frac{1}{2^2} + \frac{1}{3^2} + \frac{1}{4^2} \dots$$

Une autre série intéressante fut proposée par le mathématicien John Wallis (voyez l'encart) en 1656 :

$$\frac{\pi}{2} = \frac{2}{1} \cdot \frac{2}{3} \cdot \frac{4}{3} \cdot \frac{4}{5} \cdot \frac{6}{5} \dots$$

Sans nous plonger trop loin dans les mathématiques, on voit que ces séries expriment quelques-unes des propriétés de belle régularité possédées par pi, ce qui explique peut-être aussi la persistance de sa popularité. Qui plus est, l'influence de pi est partout, depuis le compteur de vitesse des voitures jusqu'au calcul des canettes de boissons.

SYNTAXE DES OPÉRATIONS

Imaginez que vous viviez parmi des gens ignorant les règles du code de la route. Pour en venir à l'essentiel, sans règle de circulation, certains rouleraient à gauche, d'autres à droite, certains s'arrêteraient aux feux rouges, d'autres aux feux verts, d'autres encore refuseraient la priorité à droite ou traverseraient les lignes continues : ce serait un vrai chaos.

Il en va de même avec les mathématiques et, avant de nous retrouver en panne avec une équation, il nous faut poser les règles de base. Sans elles, à une question donnée, tout le monde ne parviendrait pas à la même réponse.
Voyons par exemple comment s'y prennent Luc et Élise avec $3 + 4 \cdot 5$. Luc est du genre à aller droit au but, aussi ajoute-t-il trois à quatre, puis il multiplie cela par cinq pour obtenir trente-cinq. Élise, elle, procède autrement : quatre fois cinq font vingt, qui ajouté à trois donne vingt-trois.
Qui a raison ? Eh bien, c'est Élise, et allons maintenant voir pourquoi.
En mathématiques, les opérations doivent être effectuées dans un ordre bien précis. On s'en souviendra à l'aide du sigle mnémotechnique « PEDMAS », composé d'initiales d'opérations :

Parenthèses (et assimilables)

Exposants

Division et **m**ultiplication

Addition et **s**oustraction

On commence par ce qui est entre parenthèses, puis on s'occupe des exposants. Les multiplications et les divisions sont effectuées simultanément, de la gauche vers la droite. Viennent ensuite les additions et soustractions, effectuées encore simultanément et de la gauche vers la droite. Les fonctions plus complexes, comme les logarithmes ou les fonctions trigonométriques se traitent en même temps que les exposants.
L'existence de ces niveaux hiérarchiques se comprend pour peu qu'on réfléchisse aux opérations effectuées. L'addition, qui est aussi la première que nous apprenons, est l'opération de base. Juste après vient la multiplication : après tout, qu'est-ce que « deux fois cinq », sinon deux ajouté cinq fois à lui-même :

$$2 \cdot 5 = 2 + 2 + 2 + 2 + 2$$

Un exposant, de même, représente une suite de multiplications :

$$2^5 = 2 \cdot 2 \cdot 2 \cdot 2 \cdot 2$$

Ainsi, chaque opération fondamentale se construit-elle sur la précédente.

Parenthèses emboîtées

L'application de la règle mnémotechnique PEDMAS dans le cas de parenthèses à l'intérieur de parenthèses, n'est pas toujours immédiate. Examinons donc :

$$9 + 3(8 - 2(6 - 5))$$

expression que nous simplifierons en allant de l'intérieur vers l'extérieur.

Nous commencerons donc par soustraire 5 de 6, ce qui donne 1. La formule devient alors :

$$9 + 3(8 - 2(1))$$

2(1) n'étant que 2, il vient :

$$9 + 3(8 - 2)$$

Nous calculons ensuite le contenu de la parenthèse, ce qui donne 6, d'où :

$$9 + 3(6)$$

Cela fait 9 + 18, soit 27.

Mise en facteurs

On rencontre encore des difficultés lors de la mise en facteurs. Par exemple, $x \cdot x - 3$ n'est pas la même chose que $x \cdot (x - 3)$. La première expression est en réalité $x^2 - 3$ alors que l'autre est $x^2 - 3x$. Aussi, lorsque quelqu'un écrit ½x, faut-il comprendre « une demi-fois x » ou « un divisé par $2x$ » ? Si x valait 10, dans le premier cas on obtiendrait 5, contre 0,05 dans le second, ce qui est bien différent. Ici la factorisation nous est d'un grand secours. Si l'on veut dire « une demi-fois x », on peut écrire $(\frac{1}{2})x$ pour éviter toute confusion.

Pour finir, on admet que dans le cas d'une division matérialisée par un trait horizontal, on traite l'expression qui se trouve au-dessus et aussi celle en dessous comme si elles étaient entre parenthèses. Ainsi, l'expression $\frac{x + 1}{x - 3}$ peut-elle aussi s'écrire $\frac{(x + 1)}{(x - 3)}$.

Il ne s'agit là en aucun cas d'une description exhaustive de la syntaxe des opérations possibles. En informatique et plus encore en mathématiques, un grand nombre d'opérations ont été introduites, telles les factorielles (voir p. 124-125).

Pour plus d'informations sur les factorielles, voir p. 124-125.

Exercice 1

La règle « PEDMAS » en pratique

PROBLÈME

Christiane et Isabelle se sont inscrites à un concours pour gagner une voiture surpuissante et ont été sélectionnées. Le hic, car il y en a toujours un, est qu'elles doivent simplifier deux expressions mathématiques compliquées avant de prétendre à leur prix. Voici ces expressions :

a) $3 \cdot 6(5 - 2^2)$

b) $5[(3^4 - 6 \cdot 7) : 13 - 8] - 4 \cdot 9$

MÉTHODE

On peut tout bêtement commencer par le début et progresser jusqu'à la fin, traitant chaque partie dans l'ordre où elle se présente. Malheureusement, cela ne mènera pas à la solution correcte. Christiane et Isabelle sont plus astucieuses que ça : elles font usage de la règle PEDMAS vue p. 20-21.

SOLUTION

Christiane s'attaque à la première expression. Ayant la règle PEDMAS en tête, elle entreprend d'abord de calculer ce qui est entre parenthèses. Il y a là deux opérations : une soustraction et une mise au carré. L'exposant étant plus haut dans la hiérarchie PEDMAS, elle l'estime en premier, soit $2^2 = 4$, et l'expression devient $3 \cdot 6(5 - 4)$.

Elle s'attaque ensuite à la soustraction entre parenthèses, soit $5 - 4 = 1$, ce qui lui donne $3 \cdot 6(1)$.

Il ne reste plus que la multiplication. Bien qu'il n'y ait là aucun signe de multiplication, 6(1) n'en est pas moins une. Elle effectue donc l'opération de gauche à droite et obtient finalement 18.

Isabelle prend la seconde question, où l'expression est plus compliquée parce qu'elle comporte des parenthèses emboîtées. Ces parenthèses se traitent de l'intérieur vers l'extérieur.

Elle s'intéresse tout d'abord à $(3^4 - 6 \cdot 7)$. L'exposant doit y être traité en premier, d'où $3^4 = 81$, ce qui donne $(81 - 6 \cdot 7)$.

Elle effectue ensuite la multiplication : $6 \cdot 7 = 42$, d'où $(81 - 42)$. Puis vient le tour de la soustraction : $(81 - 42)$, ce qui fait (39).

Le calcul de la parenthèse intérieure étant effectué, elle en replace le résultat dans l'expression originale pour obtenir :

$$5[(39) : 13 - 8] - 4 \cdot 9$$

Il lui reste à évaluer le contenu des crochets (qui ne sont qu'une variante graphique de parenthèses) en commençant par la division, ce qui lui donne :

$$5[3 - 8] - 4 \cdot 9$$

puis, après avoir calculé la soustraction entre crochets :

$$5(-5) - 4 \cdot 9$$

En effectuant les multiplications de gauche à droite, il vient :

$$-25 - 36$$

Enfin, après une dernière soustraction, la réponse attendue est : -61.

La morale de l'histoire est que, suivre docilement et avec rigueur l'ordre des opérations peut rapporter gros…

EXPRESSIONS, EGALITÉS ET INÉGALITÉS

Avant de regarder plus en détail les égalités et les inégalités, il nous faut comprendre la terminologie employée. Une expression est une suite de nombres et de variables qui peut parfois être simplifiée et ne renferme jamais les signes d'égalité ou d'inégalité. Une équation, au contraire, contient toujours le signe égal, tout comme une inéquation contient un signe d'inégalité.

Voici un exemple d'expression :

$$\frac{(3x - 4) + 5}{5x}$$

un exemple d'équation :

$$3x - 5 = 13$$

et un exemple d'inéquation :

$$3(x + 2) \leq 2x + 5$$

Dans les inégalités, les signes $>$, $\geq$, $<$, $\leq$ signifient respectivement « plus grand que », « plus grand ou égal à », « plus petit que », « plus petit ou égal à ».
Les inégalités peuvent paraître étranges, mais elles sont partout autour de nous, comme là où il est question de maxima ou de minima.

Inégalités représentées sur un axe
Les inégalités sont souvent matérialisées à l'aide d'une droite graduée par les entiers relatifs, dite droite numérique. Pour représenter $x \leq 3$ sur une telle droite, on mettra un point en 3 et la partie de la droite numérique située à gauche de ce point, qui est constituée de toutes les solutions de l'inégalité, sera hachurée (voir en bas). Pour représenter l'inégalité $x > -2$ sur la droite numérique, nous mettons un point évidé à -2 et des hachures à droite. Le point évidé signifie que la valeur correspondante est exclue comme solution, le point étant plein sinon.
Par exemple, $3x - 5$ est une expression ; y ajouter le signe égal avec quelque chose de l'autre côté en fait une équation. Ainsi, $3x - 5 = 13$ est une équation que nous pouvons

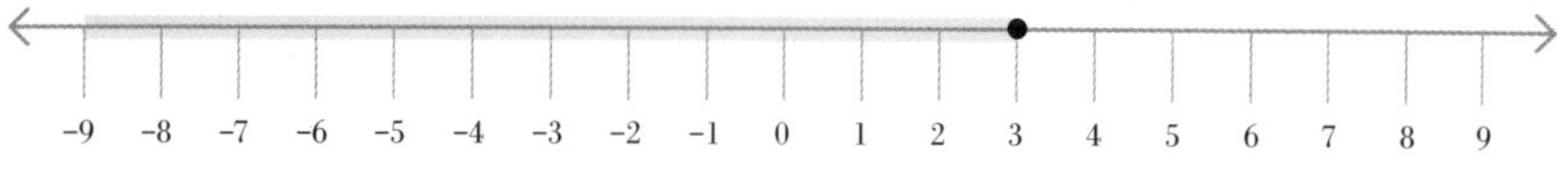

entreprendre de résoudre, trouvant finalement $x = 6$. De même, $3x - 5 > 13$ est une inéquation que l'on peut résoudre, trouvant alors $x > 6$.
Ainsi, la solution d'une équation se réduit-elle à une seule valeur : x vaut six et rien d'autre. Les inégalités, par contre, admettent souvent un nombre infini de solutions, ce qui est représenté sur la droite numérique par une zone hachurée (ici à la droite de 6) ; x peut donc être 7, 8, 27, et même 6,000 001, en un mot tout nombre strictement supérieur à 6, aussi proche soit-il de 6.

Quand la direction change…

Le traitement des inéquations se heurte à une pierre d'achoppement, comme nous allons le voir dans l'exemple suivant. Supposons que Jules et Jean aient passé un accord avec le diable : en échange de la célébrité, l'un d'eux devra lui céder son âme. Le diable leur donne une tâche. Celui qui s'en acquittera avec succès sauvera son âme. Il s'agit de trouver les solutions de l'inéquation $-3x > 15$.
Tous deux la résolvent, mais par deux voies différentes. Jules divise par -3 des deux côtés et obtient $x > -5$, et Jean, lui, inverse la place des éléments de l'inégalité, en changeant leur signe, d'où : $-15 > 3x$, ce qui lui donne $-5 > x$, après division par 3. Ainsi, pour Jean les solutions sont les nombres plus grands que -5, alors que pour Jules les solutions sont inférieures à -5.
Qui a raison ? Remplaçons x par des nombres pour en décider. Si Jules a raison, -4 doit être une solution acceptable, ce qui n'est pas le cas, car il est faux que $12 > 15$. Pour Jean, nous pouvons prendre -6, et le fait est que nous obtenons $18 > 15$, ce qui est exact. C'est donc Jean qui a gagné.
Cet exemple illustre une règle très importante et souvent oubliée concernant les inéquations : lorsqu'on multiplie ou divise par un nombre négatif, le sens de l'inégalité s'inverse.

FAITES-NOUS SIGNE…

Bien que la plupart des signes mathématiques et notations soient normalisés de nos jours, certains ne le sont pas. Cette normalisation est venue peu à peu.
Le signe = fut introduit en 1557 par Robert Recorde, un médecin et mathématicien gallois. Les signes > et < seraient dus à Thomas Harriot, mathématicien anglais, dans un livre paru en 1631, une dizaine d'années après sa mort, mais cette innovation est attribuée à son éditeur. En 1734, les symboles ≥ et ≤ apparurent chez le mathématicien français Pierre Bouguer.

Exercice 2 Résolution des équations : bribes

PROBLÈMES

Rafraîchissons nos connaissances en trouvant x dans :

a) $x + 3 = 5$

b) $2x = 8$

c) $3x - 5 = 7$

d) $\frac{2}{3}x = 8$

e) $\frac{2}{3}(x - 6) = 8$

f) $\frac{2}{3}(x - 6) = 8(x + 3)$

MÉTHODE

Nous résoudrons ces équations en isolant x à l'aide d'opérations inverses. Nous commençons tous de la même façon, mais au fur et à mesure que les équations se compliquent, les voies empruntées se mettent à diverger. J'adopte la méthode qui me convient ; il se peut que vous preniez une autre voie. L'essentiel, après tout, est d'arriver au bon résultat quelle que soit la méthode suivie.

SOLUTIONS

a) Dans cet exercice, on ajoute 3 à x ; nous soustrayons donc 3 des deux côtés (on dit aussi les membres de l'équation) Nous effectuons l'opération inverse :

$$x + 3 = 5$$
$$x + 3 - 3 = 5 - 3$$
$$x = 2$$

b) Ici, on multiplie 2 par x ; nous diviserons donc les deux membres par 2 :

$$2x = 8$$
$$2x : 2 = 8 : 2$$
$$x = 4$$

c) Celle-ci est un peu plus compliquée, x étant multiplié par 3 et 5 étant soustrait du résultat :

$$3x - 5 = 7$$

En général, on supprime en premier les termes les plus éloignés de la variable, aussi ajouterons-nous 5 des deux côtés, ce qui donne :

$$3x - 5 + 5 = 7 + 5 \text{ ou}$$
$$3x = 12$$

Maintenant, x apparaît multiplié par 3 ; on divise donc par 3 les deux côtés :

$$3x : 3 = 12 : 3 \text{ ou}$$
$$x = 4$$

d) La fraction en face de x équivaut à x multiplié par 2 et divisé par 3 :

$$\frac{2}{3}x = 8$$

Nous multiplierons par 3 :

$$\frac{2}{3}x \cdot 3 = 8 \cdot 3 \text{ ou}$$
$$2x = 8 \cdot 3 \text{ ou}$$
$$2x = 24$$

Pour supprimer « • 2 », il faut diviser par 2 :

$$2x : 2 = 24 : 2 \text{ ou}$$
$$x = 12$$

e) Ici nous avons des parenthèses, ce qui complique un peu les choses. Je préfère me débarrasser tôt des parenthèses, je multiplie donc x et -6 par $\frac{2}{3}$:

$$\frac{2}{3}(x - 6) = 8$$
$$\frac{2}{3}x - 4 = 8$$

J'ajoute 4 des deux côtés pour compenser « – 4 » :

$$\frac{2}{3}x - 4 + 4 = 8 + 4 \text{ ou}$$
$$\frac{2}{3}x = 12$$

Comme dans l'exemple précédent :

$$x = 18$$

f) Celle-ci a des variables des deux côtés et des parenthèses. Multiplions pour faire disparaître les parenthèses :

$$\frac{2}{3}(x - 6) = 8(x + 3)$$
$$\frac{2}{3}x - 4 = 8x + 24$$

Là encore, je diffère des autres en préférant me débarrasser tôt des fractions. Je n'ai rien contre elles, mais nombre de mes élèves, si. Je leur fais alors remarquer que lorsqu'ils ont un signe =, cela leur donne un pouvoir : celui de faire ce que bon leur semble, du moment qu'ils le font des deux côtés. Ici je multiplierai donc tout par 3 :

$$\frac{2}{3}x \cdot 3 - 4 \cdot 3 = 8x \cdot 3 + 24 \cdot 3 \text{ ou}$$
$$2x - 12 = 24x + 72$$

Rassemblons les expressions en x d'un côté en soustrayant $2x$ partout :

$$2x - 2x - 12 = 24x - 2x + 72 \text{ ou}$$
$$-12 = 22x + 72$$

Soustrayons 72 pour isoler $22x$:

$$-12 - 72 = 22x + 72 - 72 \text{ ou}$$
$$-84 = 22x$$

Pour isoler x, nous divisons maintenant par 22 :

$$-84 : 22 = 22x : 22 \text{ ou}$$
$$\frac{-84}{22} = x$$

soit, après simplification :

$$\frac{-42}{11} = x$$

Exercice 3

Résoudre dans le bon ordre

PROBLÈME

Dans la pratique, les racines carrées sont souvent nécessaires. Ceux qui enquêtent sur les accidents utilisent une équation contenant une racine carrée pour déterminer, à partir des traces de freinage, la vitesse à laquelle le véhicule roulait. Pour nous habituer à respecter l'ordre dans la résolution des équations, nous résoudrons ici une équation simple : $4 = 3 \cdot \sqrt{x + 7} - 5$.

MÉTHODE

Pour résoudre une équation, il est possible de procéder en devinant la solution possible, puis en la vérifiant, jusqu'à tomber sur la bonne. À moins d'être chanceux, cela peut prendre pas mal de temps. Aussi est-il bien préférable de recourir à l'algèbre.

Imaginez que vous soyez à la recherche d'un objet se trouvant dans une caisse, chez vous, au grenier. Devant la caisse se trouvent de vieux rossignols que vous auriez dû jeter depuis bien longtemps. Avant de pouvoir ouvrir la boîte, il faut dégager une vieille carpette posée dessus. Pour finir, dans la boîte, il y a aussi du fouillis qu'il va vous falloir déplacer pour atteindre ce que vous cherchez. Pour parvenir à la boîte, la première chose que vous devrez faire sera de déblayer le chemin jusqu'à elle, puis vous devrez écarter la vieille carpette. Ensuite vous ouvrirez la boîte et finalement vous retirerez le fouillis qui recouvre ce que vous cherchez.

L'exercice d'algèbre donné ici impose une gymnastique similaire. Vous supprimerez un à un les obstacles en utilisant des opérations opposées des deux côtés de l'équation, et ce, jusqu'au moment où vous aurez isolé x.

SOLUTION

$$4 = 3 \cdot \sqrt{x+7} - 5$$

Cherchant x, nous éliminerons d'abord « -5 » en ajoutant 5 aux deux membres de l'équation. C'est comme déblayer le fouillis devant la caisse :

$$9 = 3 \cdot \sqrt{x+7}$$

Ensuite, nous nous débarrasserons de 3 en divisant par 3 les deux membres. Cela correspond à éloigner la carpette :

$$3 = \sqrt{x+7}$$

De la même manière, nous faisons disparaître la racine carrée. C'est comme ouvrir la caisse

$$9 = x + 7$$

Enfin, nous supprimerons « $+7$ » en soustrayant 7 de part et d'autre du signe =, comme on enlève le fouillis dans la caisse, et obtiendrons la valeur de x :

$$2 = x.$$

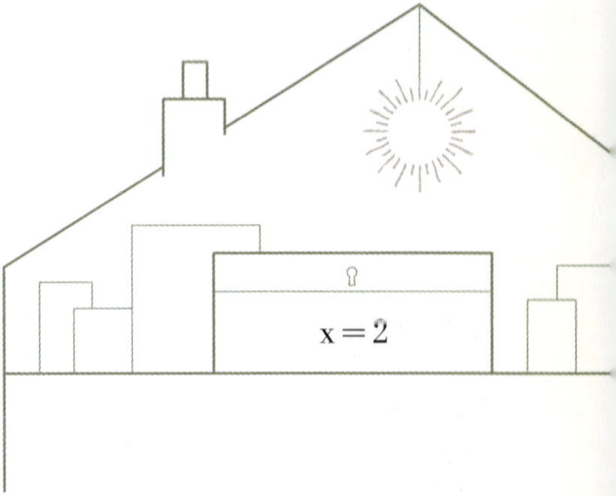

LES EXTRÊMES SE TOUCHENT

Une bonne partie des mathématiques concerne des opérations inverses et votre calculette en tient compte. L'addition et la soustraction sont côte à côte, la multiplication et la division de même. Les autres fonctions ont la fonction inverse correspondante comme «seconde» fonction. Souvent aussi, le bouton des carrés est aussi celui des racines carrées, que l'on obtient en appuyant sur une touche supplémentaire. Si, juste après avoir fait une opération, on fait l'opération inverse, on retombe sur la valeur initialement donnée : sin(32°) est 0,529 919 264 2; calculant ensuite $\sin^{-1}$(0,529 919 264 2), on obtient bien 32°.

Exercice 4

Décomposition en facteurs premiers

PROBLÈME

Luc dispose de 504 dalles carrées pour faire un patio. Il les a achetées à prix réduit, car il s'agit d'une fin de série. Il ne peut donc en acheter plus, mais il veut utiliser toutes les dalles. Chaque dalle mesure 1 m sur 1 m. Compte tenu de ces limitations, quelles sont toutes les dimensions possibles pour son patio ?

MÉTHODE

Luc voulant utiliser toutes les dalles, les dimensions du patio seront des paires de nombres dont le produit donne 504 (longueur • largeur = aire du patio). Trouver toutes les paires dont le produit est 504 ne présente aucune difficulté. Les paires 1 • 504 et 2 • 252, viennent bien sûr immédiatement à l'esprit, mais il est douteux que Luc veuille un patio réduit à une longue allée. Une approche plus méthodique consiste à décomposer 504 en facteurs premiers. Cela peut être réalisé à l'aide d'un arbre ou d'une division inversée. La décomposition en facteurs premiers donne :

$504 = 2 \cdot 2 \cdot 2 \cdot 3 \cdot 3 \cdot 7$ ou

$504 = 2^3 \cdot 3^2 \cdot 7$

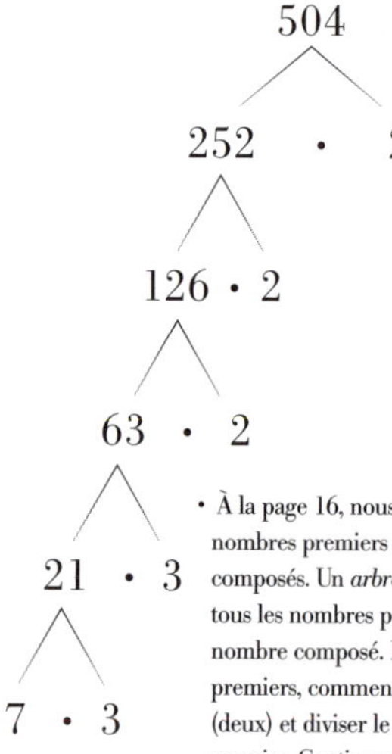

• À la page 16, nous avons évoqué les nombres premiers et les nombres composés. Un *arbre de factorisation* trouve tous les nombres premiers constituant un nombre composé. Pour trouver les facteurs premiers, commencer par le plus petit (deux) et diviser le nombre par ce nombre premier. Continuer à diviser par deux jusqu'à ce que le résultat ne soit plus un nombre entier. Refaire la même opération avec trois, sept, etc., jusqu'à ce qu'il ne reste plus qu'un nombre premier.

Cela nous aide à trouve le nombre de facteurs en lesquels se décompose 504.

Imaginez que vous soyez devant la boutique d'un glacier qui a quatre parfums différents, trois types de cornets et deux garnitures. Combien existe-t-il de combinaisons possibles de parfums, cornets et garnitures… mais avec une seule boule – il y a des limites à la gourmandise ! Eh bien, la réponse est :

$$4 \cdot 3 \cdot 2 = 24$$

Il en va de même pour les facteurs de 504. Il y a quatre choix pour le nombre de 2 (zéro, un, deux ou trois 2) dans la factorisation, trois choix pour le nombre 3 et deux pour le nombre 7. Ainsi, en incluant 1 et 504, y a-t-il 24 facteurs. Pour clarifier, 18 est un facteur de 504 et il comprend deux 3 et un 2 provenant de la factorisation de 504 ($3 \cdot 3 \cdot 2 = 18$). Son nombre apparié – le nombre avec lequel, multiplié, il donne 504 – est ce qui reste de la mise en facteurs premiers $2 \cdot 2 \cdot 2 \cdot 3 \cdot 3 \cdot 7$, soit $2 \cdot 2 \cdot 7$, soit 28. D'où :

$$18 \cdot 28 = 504$$

Les facteurs, une fois ordonnés, sont : 1, 2, 3, 4, 6, 7, 8, 9, 12, 14, 18, 21, 24, 28, 36, 42, 56, 63, 72, 84, 126, 168, 252, 504.
Ensuite, il faut les organiser en paires de nombres qui multipliés valent 504 pour chaque paire. Cela peut paraître décourageant, mais ce n'est pas une difficulté. Si les nombres sont rangés par ordre croissant, il nous suffit de combiner un nombre du début avec un nombre de la fin, et continuer ainsi en nous rapprochant de la paire du milieu.

SOLUTION

Les paires de nombres sont :

$1 \cdot 504$	$6 \cdot 84$	$12 \cdot 42$
$2 \cdot 252$	$7 \cdot 72$	$14 \cdot 36$
$3 \cdot 168$	$8 \cdot 63$	$18 \cdot 28$
$4 \cdot 126$	$9 \cdot 56$	$21 \cdot 24$

Luc peut donc construire son patio de douze façons différentes (le tableau ci-dessus est en effet constitué de douze paires de nombres).

LA PUISSANCE DES POLYNÔMES

Les polynômes sont importants, car ils permettent de modéliser des problèmes réels. Par exemple, les polynômes de degré un (les droites) sont utilisés dans le commerce dans des questions d'optimisation (voir p. 120-121). On se sert de polynômes de degrés supérieurs pour modéliser des systèmes complexes, en économie notamment.

Qu'est-ce qu'un polynôme ?

Commençons par un peu de terminologie : un *polynôme* est un groupe de termes. En mathématiques, à ce niveau élémentaire, un terme est un groupe de variables élevées à une certaine puissance et multipliées par un coefficient ; $3x^2$ est un terme où 3 est le coefficient, x la variable et ^{2} l'exposant ; un autre exemple est $5xy^3$, où 5, là encore, est le coefficient, x et y sont les variables, les exposants étant ^{1} et ^{3}. Lorsqu'une variable se présente sans exposant, il est implicite que celui-ci vaut ^{1}.

À noter qu'il est fait une restriction sur l'exposant des polynômes : il ne peut s'agir que d'un entier naturel, c'est-à-dire d'un élément de l'ensemble {0, 1, 2, 3…}, lequel n'inclut pas les fractions, les nombres négatifs ni les irrationnels. Autrement dit, des expressions comme $4x^{\frac{1}{2}}$, $2\sqrt{x}$, et $\frac{5}{x^2}$ ne peuvent pas être les termes d'un polynôme, puisque les exposants qui y figurent ne sont pas des entiers naturels – le premier est une fraction, le second également (la racine carrée est la puissance $\frac{1}{2}$) et le troisième est en fait un exposant négatif.

Nomenclature des polynômes

Les polynômes peuvent être définis par le nombre de termes les constituant : un polynôme réduit à un seul terme s'appelle un *monôme* ; s'il est constitué de deux termes, on parle de *binôme*, et de *trinôme* s'il a trois termes. Au-delà, on se contente de parler de polynôme, en précisant seulement son degré.

Ce qu'on appelle le *degré* d'un polynôme est la somme des exposants du terme de ce polynôme où cette somme est la plus grande. Par exemple, l'expression $3x^2 - 4x + 5$ est un trinôme de degré 2, car son plus grand exposant est ^{2}. De même, $3x^2y^2 - 4xy + 5$ est un trinôme de degré 4, parce qu'il est constitué de trois termes, le premier ayant deux carrés, ce qui fait que la somme des exposants est 4.

Les polynômes jouent un grand rôle en algèbre. Les polynômes de degré zéro sont les nombres – il faut avouer qu'on n'irait pas loin sans eux. Les polynômes du premier degré (ou fonctions linéaires) ont été utilisés depuis des siècles pour résoudre quantité de problèmes (les équations résolues p. 28-29 étaient des fonctions linéaires). Les polynômes du second degré étaient déjà connus des mathématiciens babyloniens, grecs, indiens et arabes, et sont utilisés dans la plupart des branches des sciences, des techniques, des mathématiques et de l'économie. Les Babyloniens utilisaient une table de carrés pour la multiplication. Ils employaient la formule :

$$ab = \frac{(a+b)^2 - (a-b)^2}{4}$$

Cela leur permettait de chercher la somme et la différence dans la table et de diviser par 4 ; 12 • 8 serait donc :

$$\frac{20^2 - 4^2}{4}$$

Dans ce cas, 20^2 et 4^2 seraient trouvés dans une table, d'où :

$$\frac{400 - 16}{4}$$

Soit, après simplification :

$$\frac{384}{4}$$

Ce qui nous donne finalement 96.

Brève histoire des polynômes

Les polynômes ont été étudiés depuis longtemps. Comme nous l'avons déjà dit, la résolution des équations du second degré (polynômes de degré 2) remonte aux Babyloniens.
Euclide (voir p. 54-55) résolvait de telles équations de manière purement géométrique déjà vers 300 av. J.-C. ; mais il aura fallu attendre quelque mille ans avant que le mathématicien indien Brahmagupta (voir p. 78-79) résolve les équations du second degré par une méthode proche de la nôtre. Plus tard, dans l'Italie du XVIe siècle, des mathématiciens rivalisèrent d'ingéniosité pour résoudre les équations du troisième et du quatrième degré et, en 1824, Niels Abel (voir ci-dessous) prouva, dans un mémoire rédigé en français, l'impossibilité de résoudre par les méthodes habituelles les équations de degré cinq.

NIELS ABEL

Né en 1802, le Norvégien Niels Henrik Abel passa le plus clair de son existence dans la pauvreté. Grâce à l'un de ses professeurs, il eut cependant la chance de recevoir une bourse qui lui permit de faire des études. Deux ans à peine après sa sortie de l'université en 1822, il publia un de ses travaux les plus remarquables, où il prouve l'impossibilité de résoudre en général les équations algébriques de degré cinq par les méthodes utilisées pour les degrés inférieurs.
En son honneur fut créé le prix Abel, qui est parfois considéré comme le « prix Nobel des mathématiques ».

Exercice 5

La multiplication des polynômes

PROBLÈMES

a) Multiplier un monôme par un binôme : $2x(3x - 4)$

b) Multiplier deux binômes : $(2x - 3)(4x + 5)$

c) Multiplier deux trinômes : $(x^2 - 3x + 4)(x^2 + 2x + 1)$

MÉTHODE

Lorsque nous multiplions deux polynômes, nous devons nous assurer que tous les termes du premier sont multipliés par tous les termes du second. Dans l'exercice **a**, on multiplie un monôme (réduit à un terme) par un binôme (qui a deux termes).
C'est comme lorsqu'une personne salue un couple : elle serrera la main des deux personnes constituant le couple ; aussi devons-nous faire deux multiplications. Deux binômes, comme dans l'exercice **b**, correspondent à deux couples se saluant. La première personne du premier couple serre la main des personnes qui forment le deuxième couple, d'où deux multiplications. La seconde personne du premier couple en fait autant, d'où deux nouvelles multiplications, soit quatre en tout. Les deux trinômes de l'exercice **c** sont comme deux couples, chacun avec un enfant. Dans ce cas, neuf poignées de main sont échangées.

a) Dans cet exercice, on doit seulement multiplier les deux termes du binôme par le seul terme dont le monôme est constitué :

$$2x(3x - 4) = 6x^2 - 8x$$

b) Ici, nous procédons comme dans l'exercice précédent, en nous rappelant que nous devons faire cette fois quatre multiplications. Il vient alors :

$$(2x - 3)(4x + 5) = 8x^2 + 10x - 12x - 15$$

Regroupons les monômes semblables, $10x$ et $-12x$, ce qui donne :

$$8x^2 - 2x - 15$$

Pour plus de détails sur le théorème du binôme, voir p. 136-137.

c) Dans le dernier exercice, on peut recourir à la « méthode du dada » : clip, clip, clip, clop, clop, clop, plop, plop, plop. Cette méthode chevaline donne :

$$(x^2 - 3x + 4)(x^2 + 2x + 1) = x^4 + 2x^3 + 1x^2 - 3x^3 - 6x^2 - 3x + 4x^2 + 8x + 4$$

« Clip, clip, clip » fait le premier terme dans le premier trinôme, alors qu'il multiplie chacun des termes du second trinôme ; de même, « clop, clop, clop » et « plop, plop, plop » pour les deux autres termes.

Regroupons maintenant les monômes semblables : $-3x$ et $8x$, $1x^2$, $-6x^2$ et $4x^2$, et $2x^3$ et $-3x^3$ (rien pour x^4 et pour 4), d'où:

$$x^4 - x^3 - x^2 + 5x + 4$$

SOLUTIONS

a) $2x(3x - 4) = 6x^2 - 8x$

b) $(2x - 3)(4x + 5) = 8x^2 - 2x - 15$

c) $(x^2 - 3x + 4)(x^2 + 2x + 1)$
$= x^4 - x^3 - x^2 + 5x + 4$

MONÔMES SEMBLABLES

On appelle *monômes semblables* des monômes qui sont constitués des mêmes variables avec les mêmes exposants. Par exemple, $6x^2$ et $8x^2$ sont des monômes semblables.
Par contre, $6x^2$ et $8x$ ne sont pas des monômes semblables. Tous deux contiennent la variable x, mais pas à la même puissance.
De même, $6y^2$ et $8x^2$, bien qu'il s'agisse de deux carrés, ne sont pas des monômes semblables, car les variables sont différentes.
Enfin, $6xy^2$ et $8x^2y$, sont constitués des mêmes variables, mais pas à la même puissance. Dans le premier monôme, y est au carré alors que c'est x qui l'est dans le second.

À PROPOS DE TRIGONOMÉTRIE

Le mot composé trigonométrie vient des mots grecs *trigonon* (triangle) et *metron* (mesure). Cette partie des mathématiques s'est épanouie dans tout le monde civilisé, surtout du fait des liens entre la trigonométrie, l'astronomie et la navigation. Elle est encore appliquée de nos jours, notamment en cartographie et pour l'arpentage.

Les Babyloniens

Il y a environ trois mille ans, les Babyloniens avaient déjà inventé une forme de trigonométrie ; c'est d'eux que nous tenons la division du cercle en 360°, des degrés en 60 minutes et des minutes en 60 secondes. Autrement dit, 7,5° peut s'écrire aussi 7°30' (sept degrés, trente minutes). Cela mena également à la décomposition d'une heure en 60 minutes et de la minute en 60 secondes. Tout cela parce que les Babyloniens utilisaient un système de numération en base 60 et que six soixantaines correspondaient au cercle entier.

Les Grecs

Les Grecs étaient aussi à la pointe des connaissances en trigonométrie. Euclide (voir p. 54-55) et Archimède (p. 58-59) démontrèrent – encore que géométriquement – des théorèmes qui ont un équivalent trigonométrique. Il faut remarquer que la trigonométrie de la Grèce antique ne ressemblait pas à la nôtre, car elle était fondée sur les cordes de cercles et non sur les arcs.

La première table trigonométrique semble être due à Hipparque de Nicée, mathématicien et astronome du IIe siècle av. J.-C., que certains appellent pour

TRIANGLES SEMBLABLES

On appelle ainsi les triangles dont les angles sont égaux. Quelle que soit la taille de ces triangles, le quotient de leurs côtés correspondants reste constant : si nous savons que *A* est deux fois plus long que *a*, alors *B* sera deux fois plus long que *b* et *C* deux fois plus long que *c*.

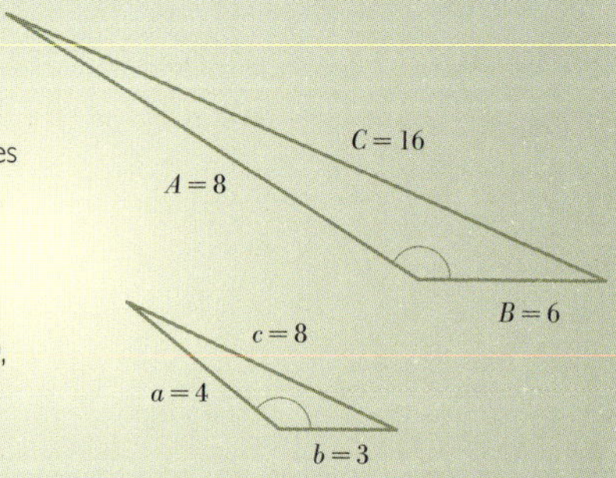

cette raison le « père de la trigonométrie ». Cette table avait pour but d'aider à calculer des triangles. On attribue aussi à Hipparque l'introduction d'un cercle divisé en 360°.
Un peu plus tard, Ménélaos d'Alexandrie (env. 70–130 apr. J.-C.) traita de la trigonométrie sphérique, et l'astronome et géographe Ptolémée (env. 85–165 apr. J.-C.) continua, dans sa *Syntaxe mathématique*, le travail d'Hipparque.

Les Indiens et les Perses

Le mathématicien indien Aryabhata (476–550) donna une définition du sinus et du cosinus très proche de la nôtre (voir l'encart), comme fractions. On lui doit aussi la plus ancienne table des sinus qui soit parvenue jusqu'à nous.
Au VIIe siècle, le mathématicien indien Bhaskara donna une formule assez précise (utilisant les radians) pour calculer le sinus de x sans table :

$$\sin x \approx \frac{16x\,(\pi - x)}{5\pi^2 - 4x(\pi - x)}, \quad \left(0 \leq x \leq \frac{\pi}{2}\right)$$

Cette idée parvint en Occident à travers la Perse. Al-Khawarizmi (voir p. 86-87) établit des tables trigonométriques pour le sinus, le cosinus et la tangente au IXe siècle. Un siècle plus tard, les mathématiciens musulmans utilisaient les six fonctions et possédaient des tables à huit décimales pour un incrément d'un quart de degré.
Au XIe siècle, Al-Jayyani, né à Cordoba, fut l'auteur d'un traité sur les triangles rectangles qui, probablement, inspira les mathématiques européennes.

LES SIX DU GENRE

Les six fonctions trigonométriques sont définies comme quotients des longueurs des côtés d'un triangle rectangle. Si l'on connaît la valeur de certains angles et la longueur de certains côtés, on peut calculer la valeur des autres. Il suffit de savoir quelle fonction utiliser :

sinus θ = opposé : hypoténuse
cosinus θ = adjacent : hypoténuse
tangente θ = opposé : adjacent
cosécante θ = hypoténuse : opposé
(c'est 1 : sinus)
sécante θ = hypoténuse : adjacent
(c'est 1 : cosinus)
cotangente θ = adjacent : opposé
(c'est 1 : tangent)

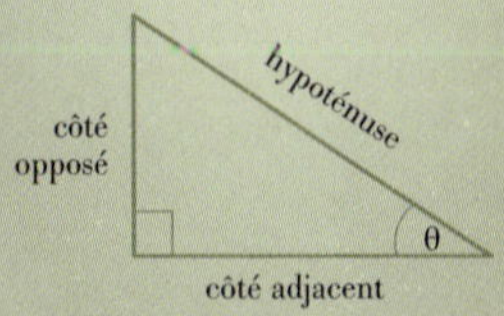

La trigonométrie de nos jours

De nos jours, la trigonométrie est utilisée dans un grand nombre de domaines. En dehors de la cartographie et de l'arpentage, déjà mentionnés, on l'utilise aussi pour la navigation. C'est ainsi que le sextant utilisé traditionnellement par les navigateurs pour juger de leur position sur les océans et la navigation guidée par satellite utilisent la trigonométrie. On s'en sert aussi d'une manière plus théorique pour la modélisation des marchés financiers.

Exercice 6

Trigonométrie : la chute d'un arbre

PROBLÈME

Une personne veut abattre un arbre dans sa propriété. Cet arbre est proche de deux clôtures qu'elle veut préserver. L'arbre ne pouvant être abattu dans la direction opposée, dans quelles directions l'arbre peut-il être abattu sans abîmer ces clôtures ?

MÉTHODE

C'est là un cas réel, auquel je fus confronté. Je voulais abattre un arbre mort avant qu'une tempête d'hiver ne le fasse à ma place, abîmant éventuellement une clôture de mon jardin.

La première tâche consiste à estimer la hauteur de l'arbre. Laissant de côté la méthode peu fiable et risquée consistant à monter jusqu'au sommet de l'arbre avec un mètre d'arpenteur pour en mesurer la hauteur, il nous reste la méthode trigonométrique. Celle-là suppose l'usage d'un clinomètre, lequel peut être facilement réalisé à l'aide d'un rapporteur et d'un fil à plomb. Reculant jusqu'à la clôture la plus éloignée, on regarde le sommet de l'arbre dans le prolongement du rapporteur. L'angle trouvé était compris entre 50° et 55°. Cette valeur, jointe à la distance de l'arbre à la clôture en question, ici 16 m, on fait alors usage de la tangente (voir encadré, à droite) :

$$\tan \theta = \frac{\textit{côté opposé}}{\textit{côté adjacent}}$$

ou

$$\tan 50 = \frac{\textit{hauteur}}{16}$$

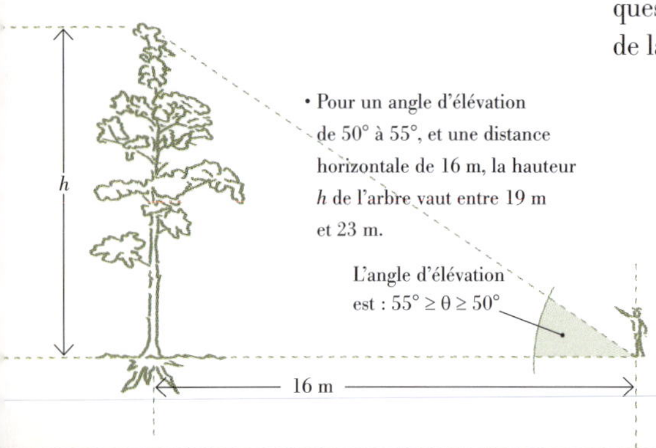

ce qui peut encore s'écrire :

$$hauteur = 16 \cdot \tan 50 = 19 \text{ m}$$

Avec 55°, le même calcul donne 23 m. La moyenne de ces deux longueurs est de 21 m. Mission accomplie.

Ensuite, on évalue la marge d'erreur possible lors de la chute de l'arbre. Ayant la hauteur, cette valeur peut être représentée par l'hypoténuse de trois triangles au sol. Faisant usage de la fonction inverse du cosinus (voyez à droite), on peut déterminer la valeur de θ_1 :

$$\cos^{-1}\frac{16}{21} = \theta_1$$

ou $\theta_1 = 40°$. Cet angle sera le même pour le deuxième triangle, parce qu'ils sont égaux. Ce procédé nous donne aussi, pour le troisème triangle, la valeur $\theta_3 = 36°$.

SOH CAH TOA

Comment savoir quelle fonction utiliser et quand? Cela dépend des côtés connus et l'on dispose d'un procédé mnémotechnique pour s'en rappeler :

$$\sin \theta = \frac{opposé}{hypoténuse}$$

$$\cos \theta = \frac{adjacent}{hypoténuse}$$

$$\tan \theta = \frac{opposé}{adjacent}$$

Il suffit tout simplement de se rappeler des trois sigles SOH CAH TOA (oui, je sais, c'est là tout le problème…). Quoi qu'il en soit, si l'on y parvient, ce procédé mnémotechnique permet aussi de se rappeler des fonctions trigonométriques inverses.

SOLUTION

Maintenant que tous les angles sont connus, il est facile de déterminer les directions dans lesquelles on peut abattre l'arbre sans abîmer les clôtures. À la jointure des clôtures, on a un arc utilisable de 14°, angle assez étroit à vrai dire. Pour la petite histoire, tout s'est bien passé…

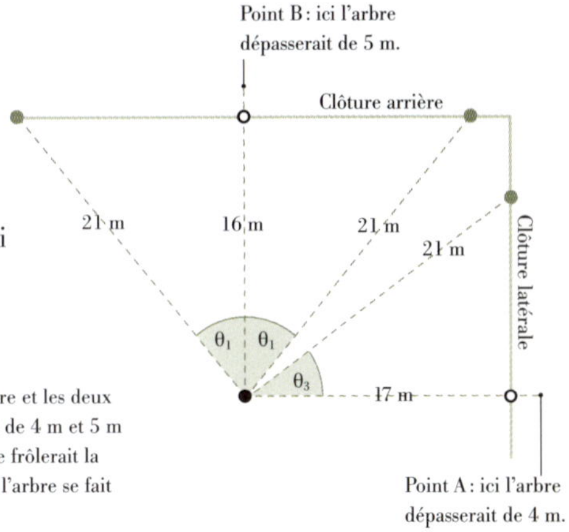

• Les points A et B déterminent les distances entre l'arbre et les deux clôtures. En tombant en ces points, l'arbre dépasserait de 4 m et 5 m respectivement. Les points à 21 m sont ceux où l'arbre frôlerait la clôture. Cela ménage un arc dans lequel l'abattage de l'arbre se fait en principe sans dégât pour les clôtures.

Chapitre

2

La Grèce antique

Lorsque les Occidentaux s'interrogent sur l'histoire des mathématiques, ils pensent généralement à la Grèce antique, déjà parce que les mathématiques empruntent beaucoup à l'alphabet grec (nous avons déjà vu π et φ, le nombre d'or). De même, si on leur demande le nom d'un mathématicien célèbre, il y a bien des chances pour qu'ils citent Pythagore, Archimède ou un autre Grec mort depuis des siècles. Tout partial que ce point de vue puisse être, la Grèce antique n'en est pas moins un endroit de choix où commencer notre incursion dans l'algèbre.

Portrait

Pythagore

Jusqu'à Pythagore, les mathématiques sont un concept sans personnage et c'est en général le premier mathématicien de l'Antiquité dont les gens entendent parler. À l'école, il nous faut attendre des années avant d'apprendre le théorème de Pythagore et pouvoir mettre enfin un visage sur les nombres. Commencer avec Pythagore est sans doute un excellent choix, car son influence sur les mathématiques fut considérable.

Pythagore de Samos naquit vers 570 av. J.-C. sur l'île grecque de ce nom, dans la mer Égée, près de la Turquie. On le décrit parfois comme le premier mathématicien pur. Le saut que représente le passage de cinq pommes, cinq personnes, cinq bateaux, etc., au nombre abstrait cinq fut un événement très important, même si cela nous semble banal aujourd'hui. À la différence de nombreux autres personnages historiques, nous manquons de documents d'époque concernant Pythagore. Ses écrits ont été détruits ou ils ne furent rédigés que par des disciples. Le secret qui régnait sur son groupe aura sans doute aussi contribué à la rareté de traces écrites. Tout ce qui nous est parvenu vient de sources diverses, certaines paraissant dignes de foi, d'autres étant pour le moins fantaisistes.

La vie de Pythagore

Ce que nous savons de sa vie est néanmoins assez détaillé eu égard au fait qu'il s'agit d'une histoire vieille de quelques deux millénaires et demi. Il passa sa jeunesse à Samos, mais voyagea beaucoup avec son père, Mnésarque, marchand de Tyr. Pythagore rendit visite à Thalès, grand philosophe, savant et mathématicien, ingénieur de métier, à Milet, et suivi les cours d'Anaximandre, un élève de Thalès.
Pythagore se rendit aussi en Égypte, et pendant une guerre entre l'Égypte et la Perse, il fut capturé et emmené à Babylone. Vers 520 av. J.-C., il retourna à Samos. Peu après, il séjournera dans le sud de l'Italie où, à Croton, il fondera l'école pythagoricienne.
Les pythagoriciens mélangeaient religion et mathématiques, et l'appartenance au groupe tenait du culte. Le groupe de Croton s'apparentait tout à la fois à une école, à un monastère, à une confrérie, bien que les femmes y étaient admises comme membres, ce qui finalement en faisait plutôt une communauté qu'une confrérie. Les pythagoriciens se divisaient en deux groupes, le premier appelé *mathematikoi*, vivait avec Pythagore et recevait son enseignement. Les membres de ce groupe devaient vivre une vie en accord avec une éthique, pratiquer le pacifisme et étudier la « vraie nature de la réalité », les mathématiques ou les nombres. Le second groupe, *akousmatikoi*, était constitué de ceux qui vivaient dans une habitation personnelle et ne suivaient l'enseignement que pendant la journée.
Tout n'y était pas que mathématiques : les pythagoriciens croyaient à la transmigration et à la réincarnation des âmes, l'une des règles les plus étranges qu'ils s'astreignaient à suivre étant de s'abstenir de manger des haricots.

PYTHAGORE ET LA MUSIQUE

Pythagore et ses disciples montraient beaucoup d'intérêt pour la musique. L'histoire dit que Pythagore passant devant une forge entendit des notes harmonieuses en sortir. Après vérification, Pythagore comprit que la hauteur des notes était liée aux dimensions des outils. À l'aide de fractions simples, Pythagore produisit les notes que nous utilisons de nos jours. Si l'on dispose d'une corde et la pince de manière à produire un do, alors, après l'avoir réduite de moitié, on entend à nouveau un do, mais à l'octave supérieure. Une corde diminuée de la moitié de sa longueur produit en effet un son dont la fréquence est doublée, autrement dit un son à l'octave supérieure.

Note	Longueur d'onde
do	1
ré	$\frac{8}{9}$
mi	$\frac{4}{5}$
fa	$\frac{3}{4}$
sol	$\frac{2}{3}$
la	$\frac{3}{5}$
si	$\frac{8}{15}$
do	$\frac{1}{2}$

Pythagore et les mathématiques

Les mathématiques doivent beaucoup aux pythagoriciens. Ces derniers sont connus pour le théorème de Pythagore, les mathématiques de la musique et la découverte de la racine carrée de deux. Le mérite de la découverte ne revient pas nécessairement à Pythagore, mais plus vraisemblablement aux membres du groupe. Ce dernier étant très fermé, il n'est pas facile d'en décider (le théorème de Pythagore sera discuté en détail dans les prochaines pages et la racine carrée de deux dans les pages consacrées aux nombres irrationnels).

En 508 av. J.-C. les pythagoriciens furent attaqués par Cylon, un notable de Croton. Pythagore s'échappa et rejoignit le Métaponte. Il mourut environ huit ans plus tard.

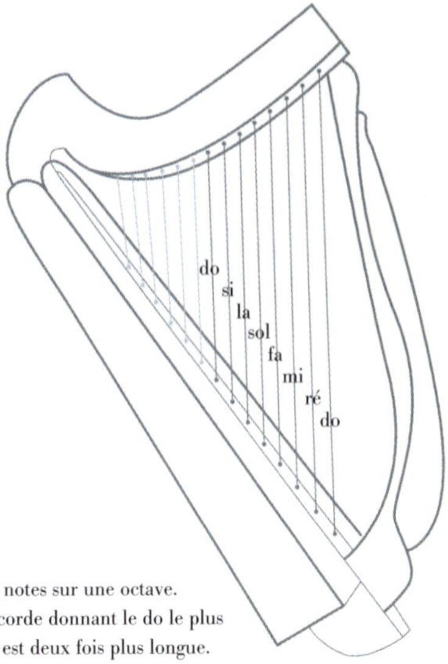

• Les notes sur une octave. La corde donnant le do le plus bas est deux fois plus longue.

LE THEORÈME DE PYTHAGORE

Le théorème de Pythagore est l'une des rares choses dont les gens se souviennent longtemps après avoir quitté l'école. Ce théorème, qui est l'un des plus connus, a de nombreuses applications.

D'après ce théorème, le carré de la longueur du plus grand côté d'un triangle rectangle (ci-dessous) est égal à la somme des carrés des longueurs des deux autres côtés : $a^2 + b^2 = c^2$.

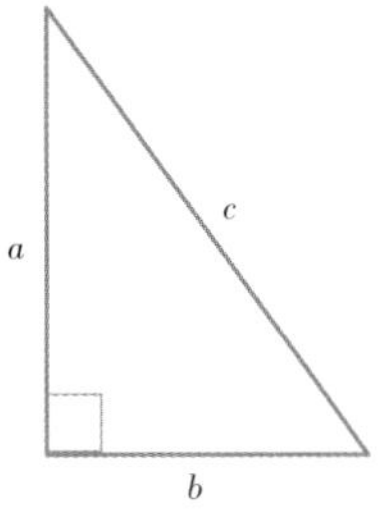

Une démonstration simple

Bien que la formule soit attribuée à Pythagore, elle était connue des Babyloniens et des Indiens bien avant son temps. On pense cependant qu'il fut le premier à fournir une démonstration de ce théorème, lui ou l'un des pythagoriciens. Nous donnerons ici une des façons de le démontrer, mais il en existe de nombreuses autres. L'aire du grand carré est :

$$(a + b)^2 \text{ ou } (a + b)(a + b)$$

et, après développement et réduction, nous obtenons :

$$a^2 + 2ab + b^2$$

L'aire du grand carré peut aussi être obtenue par addition de l'aire des quatre triangles et du petit carré de côté c. L'aire de ce carré est c^2, et l'aire d'un des triangles est $\frac{1}{2}ab$. La somme des aires des quatre triangles et du carré est donc :

$$4 \cdot \frac{1}{2}ab + c^2$$

soit, après simplification $2ab + c^2$.

Puisque nous parlons d'un seul et même carré, les aires doivent être identiques, d'où :

$$a^2 + 2ab + b^2 = 2ab + c^2$$

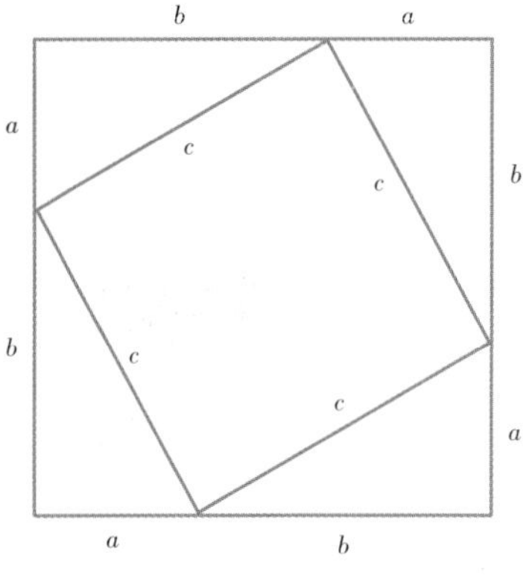

Le $2ab$ qui apparaît des deux côtés du signe égal disparaît par simplification et :

$$a^2+b^2=c^2$$

Une application fréquente

Dans le domaine du bâtiment, le théorème de Pythagore est utilisé pour vérifier si un angle est bien rectangle. Evidemment, on voit mal les ouvriers dire : « Attends… j'applique le théorème de Pythagore pour calculer l'angle du coin. » C'est pourtant ce qu'ils font, puisque, pour eux, une manière rapide d'estimer si un angle est droit est de mesurer trois mètres sur un mur, quatre sur l'autre et de voir si la diagonale fait bien cinq mètres ($3^2 + 4^2 = 5^2$). On peut multiplier toutes ces longueurs par un entier donné afin d'améliorer l'estimation de la diagonale.

Triplets pythagoriques

Les nombres 3, 4 et 5 dans l'exemple précédent constituent un *triplet pythagorique*. Il y a de nombreux triplets pythagoriques utilisant des multiples de trois, quatre et cinq ; en fait, le format d'image des écrans de télévision normaux (4:3) ou larges (16:9) sont des exemples de triplets pythagoriques. Voici la formule pour les calculer.
Étant donnés deux entiers, n et m tels que n soit plus grand que m :

$$a = n^2 - m^2$$
$$b = 2nm$$
$$c = n^2 + m^2$$

Donc, si $n = 2$ et $m = 1$, il vient :

$$a = 2^2 - 1^2 = 4 - 1 = 3$$
$$b = 2 \cdot 2 \cdot 1 = 4$$
$$c = 2^2 + 1^2 = 4 + 1 = 5$$

En utilisant différentes valeurs entières de n et de m, on peut créer autant de triplets pythagoriques que l'on veut.

L'expérience tridimensionnelle

Le théorème de Pythagore peut être étendu aux dimensions supérieures, en pratique à des formes à trois dimensions, c'est-à-dire à des volumes.
Prenons un exemple. Serge collectionne des babioles et veut utiliser une boîte à chaussures pour les ranger. Il voit un crayon fantaisie, mais il veut s'assurer qu'il tiendra dans la boîte avant de l'acheter. Bon, une personne normale achèterait le crayon et basta, mais, ne vous moquez pas de Serge : il est si sensible ! Par chance Serge se souvient des dimensions de la boîte : 18 cm de largeur (a), 28 cm de longueur (b) et 11 cm de profondeur (c). Il peut donc appliquer le théorème de Pythagore à trois dimension (d est la diagonale) :

$$18^2 + 28^2 + 11^2 = d^2$$

soit encore :

$$324 + 784 + 121 = d^2 \text{ ou } 1\,229 = d^2$$

Serge peut donc acheter le crayon si sa longueur est inférieure à 35 cm, car le carré de ce nombre étant 1 225, le crayon sera alors légèrement plus court que la diagonale de la boîte.

LES RACINES

Les racines, notamment les racines carrées, sont connues depuis des siècles. Il en est déjà question dans le papyrus Rhind, vers 1650 av. J.-C. Cela n'a rien de très surprenant, car les racines carrées sont liées au calcul des aires et de la diagonale des carrés et rectangles. L'édification des monuments rendait cette connaissance indispensable. De nous jours, elles ont toutes sortes d'utilisations, comme, par exemple, le calcul de la dissipation moyenne de la puissance d'un circuit électrique.

La racine carrée de deux

La racine carrée de deux ($\sqrt{2}$) fut un gros morceau pour les pythagoriciens (voir p. 44–45) et la découverte de l'irrationalité de cette grandeur les plongea dans un grand désarroi. Pour eux, tout, le monde, était nombre, mais nombres… rationnels. Qu'un nombre puisse ne pas s'exprimer sous la forme d'une fraction leur était inconcevable.

La légende dit que Hippasos de Métaponte, un disciple de Pythagore, démontra l'irrationalité de la racine de deux. Les pythagoriciens ne pouvant accepter cette idée, il fut condamné à la mort par noyade. Selon une variante de cette histoire, il fit cette découverte en mer, et fut simplement jeté par dessus bord, sans autre forme de procès. Comment savoir? Peut-être ne fut-il qu'expulsé du groupe, toujours est-il que cela montre à quel point les hommes peuvent se montrer irrationnels dès qu'ils ont affaire aux nombres.

Une autre célébrité grecque

Archimède (voir p. 58–59) était parvenu à une excellente approximation de la racine de trois ($\sqrt{3}$), Il l'utilisa dans *De la mesure du cercle*, ce même traité où l'on trouve une approximation de π.

Pour la valeur de $\sqrt{3}$, il fournit l'estimation $\frac{265}{153} < \sqrt{3} < \frac{1351}{780}$, c'est-à-dire $1{,}7320261 < \sqrt{3} < 1{,}7320512$, en nombres décimaux. Une des bornes de l'estimation ne diffère de la valeur réelle que de 0,0000004, ce qui est excellent compte tenu du fait qu'Archimède ne calculait pas en base 10 : la multiplication et la division dans le système de numération grec étaient très difficiles.

On a suggéré qu'Archimède a utilisé la méthode babylonienne, encore dite de Héron, laquelle fait appel à une itération élégante : étant donné $x_0 \approx \sqrt{S}$, la racine est approchée à l'aide de :

$$x_{n+1} = \frac{1}{2}\left(x_n + \frac{S}{x_n}\right)$$

À titre d'exemple, nous allons calculer $\sqrt{3}$, la racine carrée de 3, pour laquelle la calculette fournit 1,732050808. Comme on sait, la racine carrée de quatre est deux : ce sera notre valeur x_0. Cette valeur est trop grande, mais la formule nous permettra de progresser vers la bonne valeur. Substituant x_0 à x_n, nous obtenons la valeur de x_1.

$$x_1 = \frac{1}{2}\left(x_0 + \frac{S}{x_0}\right)$$

où $x_0 = 2$ et $S = 3$ (pour $\sqrt{3}$)

$$x_1 = \frac{1}{2}\left(2 + \frac{3}{2}\right) = 1{,}75$$

Cette fois, les deux premiers chiffres sont corrects et la valeur x_1 est une meilleure approximation de $\sqrt{3}$. Appliquons à nouveau la formule avec $x_1 = 1{,}75$:

$$x_2 = \frac{1}{2}\left(x_1 + \frac{S}{x_1}\right)$$

où $x_1 = 1{,}75$ et $S = 3$ (pour $\sqrt{3}$)

$$x_2 = \frac{1}{2}\left(1{,}75 + \frac{3}{1{,}75}\right) = 1{,}7321$$

Cette fois, les quatre premiers chiffres de $\sqrt{3}$ sont exacts. En continuant ainsi, on obtient l'approximation voulue.

HÉRON D'ALEXANDRIE

En même temps que sa méthode de calcul de la racine carrée, Héron (env. 10-70 av. J.-C.) donna une méthode astucieuse pour calculer l'aire d'un triangle quelconque.

$$aire = \sqrt{s(s-a)(s-b)(s-c)}$$

où $s = \frac{a+b+c}{2}$

et sous une autre forme :

$$aire = \frac{\sqrt{(a+b+c)(a+b-c)(b+c-a)(c+a-b)}}{4}$$

Ici, a, b et c sont les côtés du triangle et s son demi périmètre. Bien que cette formule ne soit pas très jolie, elle est tout à fait intéressante. Eu égard aux difficultés inhérentes du système de numération grec, la formule de Héron fournit une solution aisée..

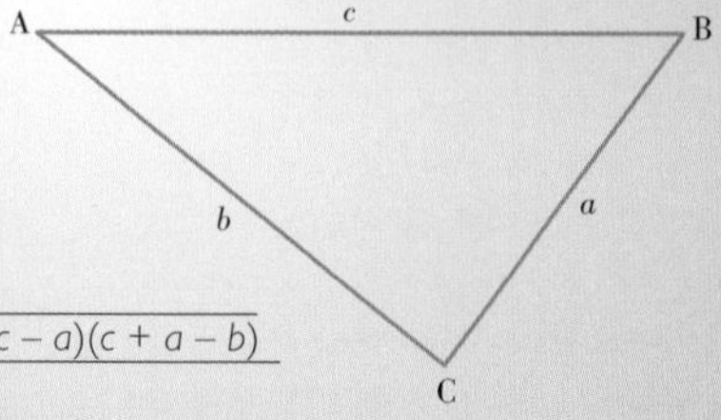

Exercice 7

Simplication des racines

PROBLÈME

À l'ère des calculatrices, il est aisé d'extraire la racine carrée de tout nombre. Jadis, c'était plus difficile et seules quelques racines étaient connues avec une grande précision. Par chance, de nombreuses racines carrées sont des multiples des quelques racines simples (celles de 2, 3, 5, etc.). Clément doit trouver la valeur de $\sqrt{180}$, mais il n'a pas de calculette. Il a cependant à disposition la racine carrée de quelques nombres premiers. Pour trouver la racine cherchée, Clément doit écrire le radicande sous sa forme la plus simple.

MÉTHODE

Quelle est la forme la plus simple d'un radicande ? En bref, c'est ce que devient le radicande après que tous les carrés en ont été évacués. Par exemple, $2\sqrt{3}$ est égal à $\sqrt{12}$, mais $2\sqrt{3}$ utilise la forme la plus simple du radicande, parce que $\sqrt{12}$ peut s'écrire $\sqrt{4} \cdot \sqrt{3}$ où $\sqrt{4}$ vaut 2, d'où $2\sqrt{3}$.

Cela peut sembler difficile, mais on a quelques recettes. L'approche normale consiste à trouver des carrés à l'intérieur du radicande. Les premiers carrés sont 1, 4, 9, 16, 25, 36, etc. Nous cherchons des carrés, car leur racine carrée est un entier naturel. Par exemple :

$$\sqrt{4} = 2 \text{ et } \sqrt{25} = 5$$

Cela peut être réalisé à l'aide d'un arbre de factorisation ou une division inversée. Dans cet exemple, 4 et 9 sont des diviseurs de 180, lequel nombre prend donc aussi la forme suivante :

$$\sqrt{4 \cdot 9 \cdot 5}$$

ce qu'on peut encore écrire $\sqrt{4} \cdot \sqrt{9} \cdot \sqrt{5}$, et, avec $\sqrt{4} = 2$ et $\sqrt{9} = 3$, cela se réduit encore plus, donnant $2 \cdot 3 \cdot \sqrt{5}$ ou $6\sqrt{5}$.

Une autre approche, consiste à décomposer le radicande en nombres premiers. Là aussi, on utilise un arbre de factorisation ou une division inversée ; 180 se décompose en 2 • 2 • 3 • 3 • 5, et le radicande prend donc la forme :

$$\sqrt{2 \cdot 2 \cdot 3 \cdot 3 \cdot 5}$$

où nous supprimerons les couples de nombres premiers. On peut supprimer ces paires, car ce sont des carrés qui figurent dans une racine carrée. Dans une racine cubique, on supprimerait, de manière similaire, les groupes de trois. C'est ce que nous ferons dans la méthode mnémotechnique que nous allons exposer maintenant. Que faisons-nous des radicandes ? Nous les mettons en prison. Que veulent-ils faire ? S'évader de la prison. Pour permettre cela, la première étape consistera à fragmenter la population de la prison en ses groupements (facteurs premiers), parce que les récidivistes n'ont confiance qu'en les leurs. S'ils préparent une évasion, deux nombres doivent agir de pair. Lorsqu'un des nombres passe par dessus le mur, les gardes l'abattent, ce qui distrait leur attention. L'autre en profite alors pour s'échapper par le tunnel. Ainsi, un 2 et un 3 meurent-ils pendant qu'ils tentent de s'échapper par en haut, mais leurs complices, eux, arrivent à se frayer un chemin vers l'extérieur. Le 5 poireaute dans la prison, car il n'a pas de partenaire pour distraire les gardes.

SOLUTION

La solution est $(3 \cdot 2)\sqrt{5}$ ou $6\sqrt{5}$. Maintenant que le radicande est simplifié, il ne reste plus à Clément qu'à multiplier $\sqrt{5}$ par 6, ce qui lui donne $(2{,}236) \cdot (6)$, d'où la valeur de $\sqrt{180}$: 13,416.

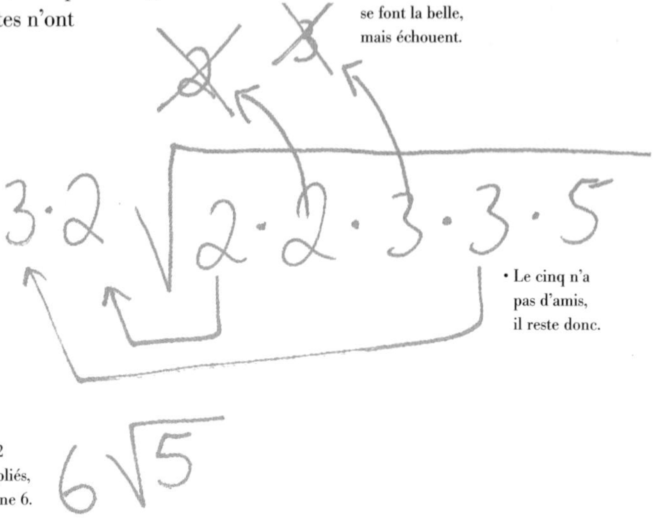

• Ces nombres se font la belle, mais échouent.

• Ces nombres s'échappent hors de la racine.

• Le cinq n'a pas d'amis, il reste donc.

• Le 3 et le 2 sont multipliés, ce qui donne 6.

Portrait

Platon

En Occident, la plupart des gens ont entendu parler de Platon, même si beaucoup ne savent pas exactement de qui il s'agit. C'est l'un des gros calibres de la philosophie, mais son nom est connu des mathématiciens, moins pour une contribution à la connaissance mathématique que pour ses opinions sur le sujet. Il fut un porteur de torche des mathématiques et assura la passation des connaissances mathématiques de Pythagore à Euclide (p. 54-55) et à Archimède (p. 58-59).

Platon naquit à Athènes vers 427 av. J.-C. Fils de parents aisés, il reçut une solide instruction. Pendant ses jeunes années, Athènes était toujours plus ou moins en guerre contre Sparte et ses alliées de la ligue du Péloponnèse. Il fit son service militaire de 409 av. J.-C. – il avait alors dix-huit ans – à 404 av. J.-C.

On est à peu près certain que pendant toutes ces années Platon fut un disciple de Socrate. Il fait mention de lui dans ses *Dialogues* et Socrate fut aussi un ami de son oncle, Charmides. L'arrestation, le procès et l'exécution de Socrate ont beaucoup marqué Platon, aussi, après l'exécution de Socrate, quitta-t-il la Grèce pour l'Égypte, la Sicile et l'Italie.

Platon et Pythagore

Alors qu'il se trouvait en Italie, Platon prit connaissance des travaux des pythagoriciens et élabora ses idées sur la réalité à partir de ces travaux. On considère que les pythagoriciens ont été le premier groupe à avoir étudié les mathématiques pour des raisons purement intellectuelles, séparant ainsi le monde des mathématiques du monde réel, ce qui eut une grande influence sur Platon.

Pour Platon, les objets mathématiques étaient des formes parfaites, qui ne pouvaient être concrétisées dans le monde réel. Dans *Phédon*, Platon parle des objets du monde réel qui tentent d'imiter les formes parfaites. Par exemple, une droite mathématique a une longueur, mais pas d'épaisseur. Il est donc impossible de tracer une vraie droite, parce que, tracée sur un support, elle doit avoir une certaine épaisseur pour être perçue. De plus, une droite parfaite, s'étend indéfiniment dans les deux directions, ce qui est impossible à dessiner. Nous pouvons bien sûr dessiner une droite avec des flèches aux extrémités pour indiquer que ces dernières se prolongent indéfiniment, mais ce n'est là qu'une représentation schématique.

Tout cela peut nous paraître évident, mais nous devons nous rappeler que dans l'Antiquité, les Grecs ne disposaient pas du zéro, pas même du symbole.

Platon et l'Académie

Platon revint à Athènes en 387 av. J.-C. et y fonda l'Académie où il devait travailler jusqu'à sa mort, en 347 av. J.-C. Cette institution était consacrée à la recherche philosophique, aux sciences et aux mathématiques.

Bien que fervent des mathématiques, Platon

« L'arithmétique contraint l'âme à raisonner sur les nombres abstraits, la faisant se rebeller contre l'introduction d'objets visibles ou tangibles dans l'argumentation. » ***La République***

Pour d'autres informations sur les solides de Platon, voir p. 52-53.

ne fit pas faire de progrès à cette discipline ; toutefois, l'esprit de Pythagore l'habitait et son respect pour les mathématiques se communiquait à ses élèves. Cela fit de Platon un maillon très important dans la chaîne continue des mathématiques grecques. En réalité, les mathématiques étaient si importantes aux yeux de Platon que les mots « Que personne n'entre ici s'il n'est géomètre. » étaient, dit-on, écrits sur le fronton de l'Académie. Dans *La République*, Platon affirme même qu'on doit étudier les cinq disciplines constituantes des mathématiques, soit l'arithmétique, la géométrie plane, la géométrie dans l'espace, l'astronomie et la musique, avant d'aborder la philosophie.
Pour dire vrai, il y a des objets mathématiques attachés à son nom : les solides de Platon. Il s'agit de volumes aux propriétés remarquables, à savoir le tétraèdre, le cube, l'octaèdre, le dodécaèdre et l'icosaèdre (ils seront étudiés en détail p. 52-53), mais tout cela était déjà connu de longue date avant lui.
L'Académie de Platon resta active jusqu'en 529 apr. J.-C., date à laquelle l'empereur Justinien ordonna sa fermeture.

« Ceux qui ont des dispositions pour le calcul ont généralement l'esprit ouvert à d'autres domaines de la connaissance ; même les hommes bornés, s'ils ont reçu une instruction arithmétique, n'en tireraient-ils nul autre avantage, qu'ils en deviennent toujours bien plus vifs qu'ils ne l'auraient été sinon. » ***La République***

Principales œuvres

- **LA RÉPUBLIQUE**
  L'œuvre la plus connue de Platon traite de la société, des lois idéales et des formes de gouvernement. Il y discute également des représentations imparfaites des êtres mathématiques.

- **PHÉDON**
  Décrit la mort de Socrate et examine la vie après la mort, donnant quatre arguments en faveur de l'immortalité de l'âme. On y trouve aussi des réflexions sur les formes parfaites et leurs représentations imparfaites.

- **TIMÉE**
  Renferme une construction qui communique aux solides de Platon les caractères des éléments terre, feu, air et eau, ainsi que de l'univers (voir p. 52-53).

LES SOLIDES DE PLATON

Les solides (ou polyèdres) de Platon, à l'instar des solides d'Archimède étudiés aux pages 60-61, sont d'agréables curiosités de géométrie dans l'espace. On peut les voir dans quantité de circonstances, allant des dés aux structures moléculaires (le tétraèdre du méthane, par exemple), en passant par les virus (le virus de l'herpès a la forme d'un icosaèdre).

Les cinq solides de Platon sont tous des polyèdres réguliers, à savoir le tétraèdre, le cube, l'octaèdre, le dodécaèdre et l'icosaèdre. Cet ensemble de volumes familiers est attribué à Platon (p. 50-51), bien qu'il n'en soit probablement pas l'inventeur.

Certaines indications semblent montrer que les pythagoriciens connaissaient déjà le tétraèdre, l'hexaèdre et le dodécaèdre réguliers. Par ailleurs, la découverte de l'octaèdre et de l'icosaèdre réguliers doit probablement être attribuée à Théétète (417-

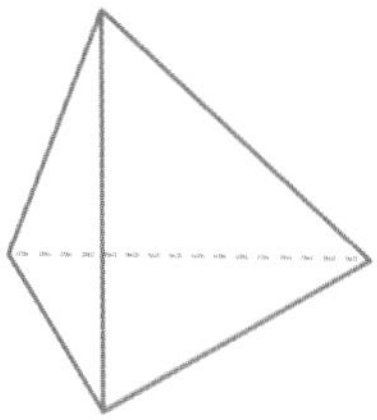

Tétraèdre
4 sommets, 6 arêtes
et 4 faces

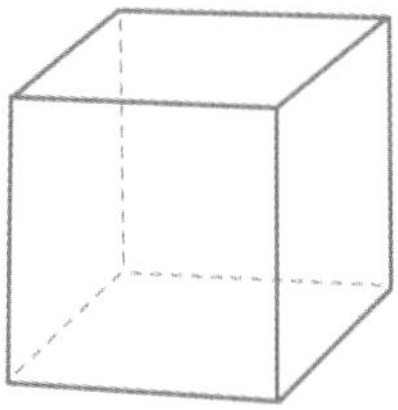

Hexaèdre (cube)
8 sommets, 12 arêtes
et 6 faces

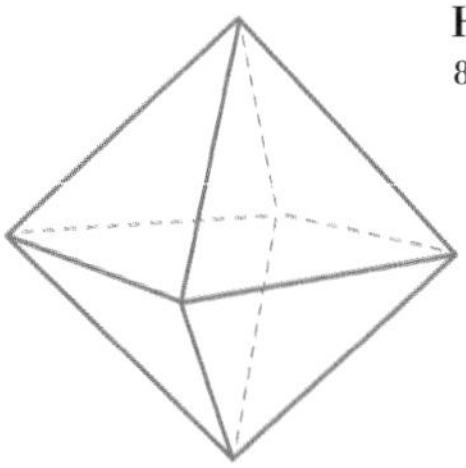

Octaèdre
6 sommets, 12 arêtes
et 8 faces

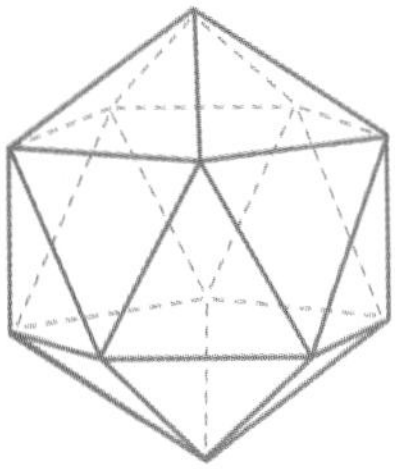

Icosaèdre
12 sommets, 30 arêtes et
20 faces

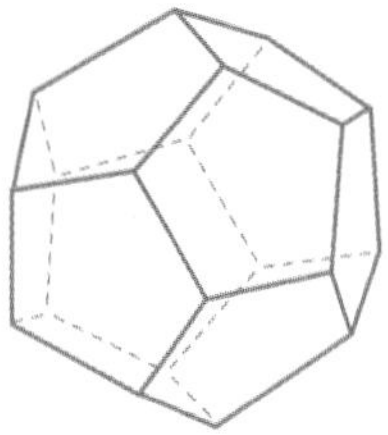

Dodécaèdre
20 sommets, 30 arêtes
et 12 faces

QUESTION DE FACES

En ce qui concerne les solides de Platon, il existe des relations entre les faces, les arêtes (bords communs à deux faces) et les sommets. Le tétraèdre a quatre faces, autant de sommets et six arêtes. Le cube a six faces, huit sommets et douze arêtes. Dans la dernière colonne apparaît une belle relation entre les faces, les sommets et les arêtes des cinq solides de Platon.

Polyèdre	**Faces (*F*)**	**Sommets (*S*)**	**Arêtes (*A*)**	***F + S – A***
Tetraèdre	4	4	6	4 + 4 – 6 = 2
Hexaèdre	6	8	12	6 + 8 – 12 = 2
Octaèdre	8	6	12	8 + 6 – 12 = 2
Dodécaèdre	12	20	30	12 + 20 – 30 = 2
Icosaèdre	20	12	30	20 + 12 – 30 = 2

369 av. J.-C.), un mathématicien grec élève de Platon et personnage central dans deux de ses dialogues. C'est en tout cas ce que soutient Euclide dans le treizième livre de ses *Éléments*.
On pense aussi que Théétète fut le premier à démontrer que les solides de Platon sont au nombre de cinq.

Propriétés des solides de Platon

Voyons tout d'abord ce qui caractérise un solide de Platon. C'est un polyèdre à faces égales ; ces faces ne doivent se toucher qu'en leurs bords et le même nombre de faces doit se rejoindre à chacun des sommets du solide. Cela signifie que ce dernier aura la même apparence, quelle que soit la face sur laquelle il repose. Il en résulte que les solides de Platon sont en quelque sorte justes et équitables, et c'est la raison pour laquelle on les utilise comme dés. L'hexaèdre régulier, c'est-à-dire le cube, donne le dé à six faces habituel ; les autres sont plus rarement utilisés. Une intéressante relation entre les faces, les sommets et les arêtes est indiquée dans le tableau ci-dessus.
À ces solides, Platon attribua encore quelques propriétés de nature moins mathématique, encore que ne manquant pas d'intérêt. Il les apparia aux éléments naturels chers à l'Antiquité, voyant dans le tétraèdre le feu, dans l'hexaèdre la terre, dans l'octaèdre l'air, et l'eau dans l'icosaèdre. Le solide restant, le dodécaèdre, se vit attribuer l'arrangement des constellations.

Portrait

Euclide

Euclide d'Alexandrie est largement reconnu comme le « père de la géométrie ». Son traité, les *Éléments*, fut, pour la géométrie, l'ouvrage de référence pendant plus de deux mille ans. C'est sans conteste le livre qui a connu le plus grand succès de toute l'histoire des mathématiques. La géométrie que nous apprenons à l'école est la géométrie euclidienne, laquelle fut aussi la seule jusqu'au début du XIXe siècle. La géométrie euclidienne est l'une des branches des mathématiques les plus agréables à apprendre et à enseigner.

« Il n'y pas de voie royale vers la géométrie. »

La vie d'Euclide

On sait peu de chose de la vie d'Euclide, ce qui est surprenant sachant qu'il a écrit l'un des livres qui a le plus influencé les mathématiques. On sait cependant qu'il naquit en 325 av. J.-C., mais nous ignorons à quel endroit. Il semble qu'il ait pris part à l'Académie de Platon, mais très probablement après la mort de ce dernier. On dit aussi qu'il a enseigné à Alexandrie sous le règne de Ptolémée Ier, un des généraux d'Alexandre le Grand, lequel régna sur l'Égypte de 323 à 283 av. J.-C.

On connaît si peu de chose sur Euclide que certains en viennent même à douter de son existence. Trois hypothèses ont été faites : Euclide a bien existé et rédigé ses traités lui-même ; un groupe de mathématiciens rédigea sous sa direction et en son nom ce qui lui est attribué (comme pour Pythagore) ; Euclide fut le nom collectif d'un groupe de

Autres œuvres

• **Données**
Consacré aux propriétés des figures que l'on peut déduire à partir d'autres propriétés données.

• **Sur la division des figures**
Concerne la division des figures en parties égales (deux ou plus).

• **Catoptrique**
Traité sur la théorie mathématique des miroirs.

• **Phénomènes**
Traité d'astronomie sphérique.

• **Optique**
Consacré aux mathématiques de la perspective.

• **Coniques (perdu)**
Travail sur la section des coniques *(voir p. 91)*.

• **Pseudaria ou Livre des erreurs (perdu)**
Texte sur les erreurs logiques.

mathématiciens. En supposant qu'il ait existé, il serait mort vers 265 av. J.-C.

Éléments de géometrie

Les *Éléments* sont l'œuvre maîtresse d'Euclide. Il s'agit d'un traité de géométrie et d'arithmétique. On pense souvent, mais à tort, que cet ouvrage expose les découvertes d'Euclide : la plus grande partie de ce qu'on y trouve était déjà connue avant lui. L'apport réel d'Euclide a consisté à collecter, réunir et faire la synthèse des connaissances disponibles à son époque, fournissant, dans bien des cas, des démonstrations et rendant ainsi les mathématiques plus rigoureuses.

Les livres I à IV des *Éléments* sont consacrés à la géométrie plane, celle de nos livres d'école. Les livres I et II concernent les triangles, les carrés, les rectangles, les parallélogrammes et les parallèles. Le premier livre renferme le théorème de Pythagore (voir p. 44-45). Le livre III décrit les propriétés des cercles et le suivant, leurs applications. Dans le livre V, Euclide examine les grandeurs commensurables et incommensurables, principalement les lignes (deux grandeurs sont commensurables quand leur quotient est un nombre rationnel ; dans les autres cas elles sont dites incommensurables). L'application des résultats du livre V est la matière du livre VI.

Les livres VII à IX concernent l'arithmétique. Dans le livre VII on trouve l'algorithme qui permet de trouver le plus grand facteur commun de deux nombres (pour plus de détails, voir p. 56-57). On y traite aussi des nombres premiers et de divisibilité. Le livre VIII examine les progressions géométriques (voir l'exercice p. 148-149 pour un exemple). Entre autres choses, le livre IX étudie les sommes de séries géométriques et les nombres parfaits (voir p. 17). Dans le livre X, Euclide revient sur ces fameux nombres irrationnels qui donnèrent à Pythagore tant de fil à retordre (nous y reviendrons p. 104-105).

Le reste des *Éléments* est consacré principalement à la géométrie dans l'espace. Le livre XII traite de l'aire et du volume de la sphère, du cône, du cylindre et de la pyramide. Le dernier livre est consacré aux cinq polyèdres réguliers (ou solides de Platon, voir p. 52-53) et Euclide y démontre qu'il n'en existe que cinq. Il traite également du nombre d'or, que nous avons déjà rencontré et que nous étudierons à nouveau plus loin (voir p. 100-101).

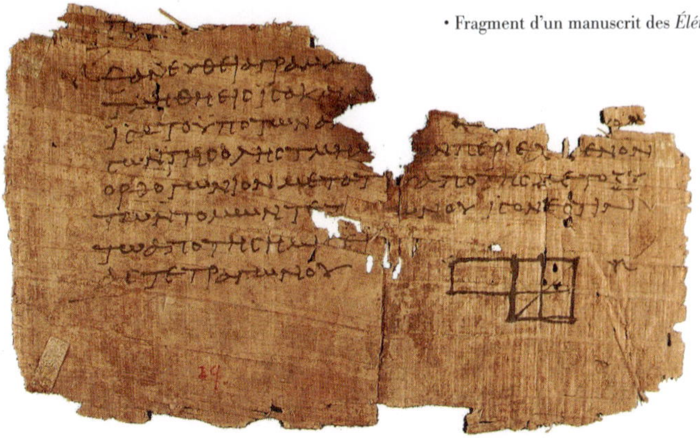

• **Fragment d'un manuscrit des *Éléments* d'Euclide.**

Exercice

8 L'algorithme d'Euclide

PROBLÈME

Le conseil municipal d'une ville entreprend de rénover la grand-place. Cette place comporte une surface libre de 318 m sur 222 m à couvrir avec des dalles carrées de béton. Le conseil veut que ces dalles soient égales et aussi grandes que possible, se refusant catégoriquement à utiliser 70 596 dalles d'un mètre carré. Compte tenu des exigences du conseil, quelle largeur doivent avoir les dalles à utiliser, sans qu'il soit nécessaire de n'en couper aucune? En d'autres termes, il faut que le nombre de dalles dans les deux directions soit entier et que l'ensemble recouvre exactement la surface à couvrir.

MÉTHODE

Nous devons trouver le plus grand commun diviseur de la longueur et de la largeur. On peut y parvenir de différentes façons. L'une d'elles consiste à recourir à un arbre de factorisation (voir p. 30) afin de trouver les facteurs premiers communs aux deux dimensions.

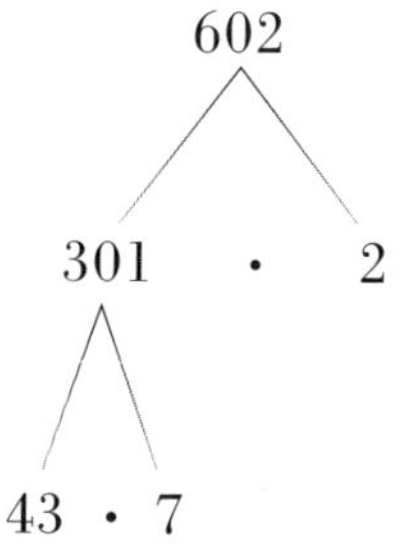

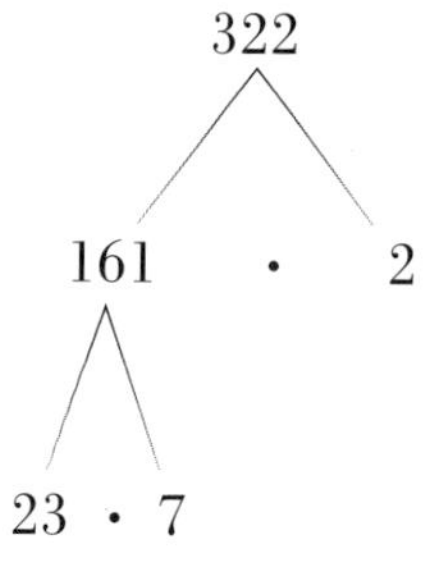

• Les arbres de factorisation permettent de trouver tous les nombres premiers communs, et, à partir de ces derniers, le plus grand commun diviseur.

Les facteurs premiers de 318 sont 2, 3 et 53 (318 = 2 • 3 • 53).
Les facteur premiers de 322 sont 2, 3 et 37 (222 = 2 • 3 • 37).
Les nombres premiers communs à ces deux nombres sont 2 et 3; le grand commun diviseur de 318 et 322 est donc 6.

Cette méthode est commode, mais nécessite une parfaite connaissance des nombres premiers. Franchement, combien d'entre nous ont-ils la science infuse au point de savoir que 37 et 53 sont des nombres premiers? Cela dit, le conseil a de la chance, car si les dimensions de la place à daller avaient été différentes, même légèrement, étant par exemple de 223 m sur 317 m, il aurait eu un gros problème! En effet, ces deux nombres étant premiers, la seule solution possible aurait été d'utiliser 70 691 dalles carrées d'un mètre de côté… ou encore une seule de 223 m sur 317 m!

Dans le livre VII de ses *Éléments*, Euclide utilise un algorithme qui ne nécessite que des divisions pour trouver le plus grand commun diviseur.
Le voici.

On divise le plus grand nombre par le plus petit, ici 318 par 222:

$$\begin{array}{r|l} 318 & \underline{222} \\ 96 & 1 \end{array}$$

Le quotient est donc 1 et il reste 96.
On divise ensuite 222 par 96:

$$\begin{array}{r|l} 222 & \underline{96} \\ 30 & 2 \end{array}$$

Le quotient est 2 et le reste est 30.
On divise ensuite 96 par 30:

$$\begin{array}{r|l} 96 & \underline{30} \\ 6 & 3 \end{array}$$

Le quotient est 3 et le reste est 6.
Puis on divise 30 par 6:

$$\begin{array}{r|l} 30 & \underline{6} \\ 0 & 5 \end{array}$$

Le quotient est 5 et le reste est nul.

SOLUTION

On trouve 5, le reste étant nul, d'où le plus grand diviseur commun, 6. Les dalles de béton carrées devront donc avoir 6 mètres de côté.

Portrait

Archimède

Si Euclide est « le » géomètre, Archimède est « le » généraliste. En fait, les mathématiciens l'érigent au panthéon des plus grands, à côté de Newton et de Gauss (voir p. 144-145). Pourtant, on ne sait pas grand chose de la vie d'Archimède, sinon qu'il est né en 287 av. J.-C. à Syracuse, en Sicile, et qu'il y passa la plus grande partie de sa vie. On pense qu'il a séjourné à Alexandrie pendant un temps pour tirer profit de sa célèbre bibliothèque. Lors de son séjour en Égypte, Archimède fit probablement des recherches aux côtés des successeurs d'Euclide. Dans la préface de *Sur les spirales*, il mentionne ses amis d'Alexandrie, parmi lesquels se trouvait probablement Ératosthène (voir p. 62-63).

• Une antique mosaïque de sol montre la mise à mort d'Archimède par un soldat romain. On dit qu'il se serait alors écrié : « Ne dérangez pas mes cercles ! »

Eurêka ! Eurêka !

Bien que l'on sache peu de choses de la vie d'Archimède, quelques anecdotes nous sont parvenues. L'une d'elles, probablement la plus célèbre, concerne une couronne d'or donnée en cadeau au roi Hiéron II de Sicile (270-215 av. J.-C.). Hiéron s'inquiétait de savoir si la couronne était en or massif ou non. Archimède aurait pu répondre sur le champ à cette question si l'objet avait eu une forme régulière, celle d'un cube par exemple, mais ce n'était pas le cas. Sachant que les métaux ont des densités différentes, c'est-à-dire différents poids pour un même volume, tout ce qu'Archimède avait à faire était de comparer le poids de la couronne à un volume d'or équivalent. Le problème épineux qui se posait à lui était : « Comment vais-je trouver le volume exact d'un objet de forme à ce point irrégulière ? »

À l'occasion d'un bain, qui devait s'avérer le plus célèbre de l'histoire de la civilisation, constatant l'élévation du niveau de l'eau lorsqu'il y entra, il aurait tout d'un coup eu l'idée que le volume d'eau correspondant à cette élévation devait être le même que celui de son corps. D'où une méthode pour calculer le volume d'un solide de forme quelconque. D'excitation, il se serait mis alors à dévaler la rue en criant « Eurêka! Eurêka! », (c'est-à-dire : j'ai trouvé !). Nous n'osons imaginer ce que ses voisins ont dû penser en le voyant dans cet état… à fortiori si, dans son trouble, il avait oublié de se rhabiller!

« Donnez-moi un point d'appui, et je déplacerai la Terre. »

Moi et mon rayon de la mort...

Une autre histoire court à propos d'un « rayon de la mort» conçu par Archimède. Alors que Syracuse était sous la menace d'une invasion romaine, la légende veut qu'Archimède aurait fait placer des soldats portant des boucliers d'airain polis autour de la baie selon une parabole (voir p. 96-97). Lorsque la flotte ennemie s'approcha, les soldats auraient fait converger les rayons du soleil sur l'un des navires qui se serait alors embrasé comme une torche.

Au cours du temps, cette histoire a été testée un certain nombre de fois: il est peu probable que l'embrasement ait été possible.

Les paraboles de réception de la télévision par satellite fonctionnent sur ce principe.

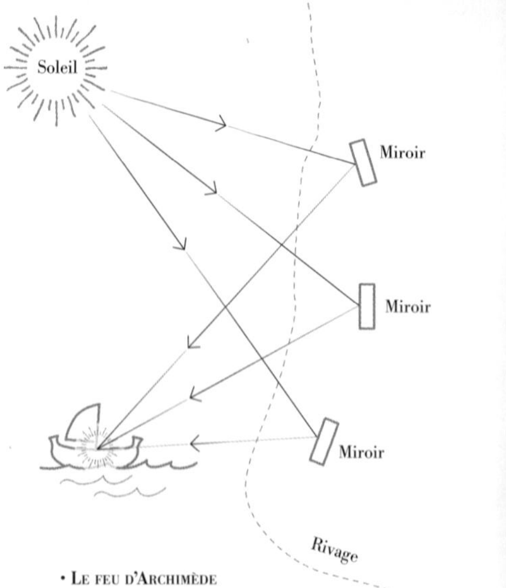

• Le feu d'Archimède
À l'instar d'un garnement qui brûle avec sa loupe, Archimède aurait focalisé les puissants rayons du soleil sur un bateau pour l'embraser.

Ne m'embêtez pas, je travaille!

Pendant le siège de Syracuse, le général romain Marcellus donna des ordres stricts pour qu'il ne soit fait aucun mal à Archimède.

Plongé dans ses mathématiques, Archimède ne se rendit pas compte que la ville était tombée aux mains des envahisseurs et quand un soldat romain lui commanda de se rendre avec lui auprès de Marcellus, il refusa. Le soldat lui asséna un coup fatal et, rendant son dernier souffle, Archimède l'aurait imploré en déclarant « Ne dérangez pas mes cercles!»

Principales œuvres

• **De l'équilibre des plans**
Traité sur les centres de gravité et les leviers.

• **De la mesure du cercle**
Fragment d'un traité plus long, contenant, entre autres, l'approximation archimédienne de π (voir p. 18-19).

• **Des spirales**
Contient la description des « spirales d'Archimède ».

• **Des sphères et des cylindres**
Archimède y démontre que le volume d'une sphère inscrite dans un cylindre est les deux tiers du volume de ce dernier. Une sphère et un cylindre furent sculptés sur sa tombe.

• **Des corps flottants**
Bien que nulle mention de son « Eurêka! » n'y soit faite, Archimède y énonce son principe de poussée.

• **Le sablier**
Archimède y donne une estimation du nombre de grains de sable dans l'univers en proposant un système pour écrire les grands nombres.

LES SOLIDES D'ARCHIMÈDE

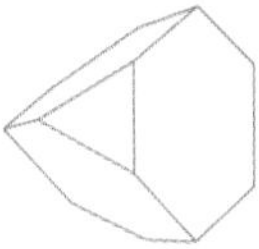

1

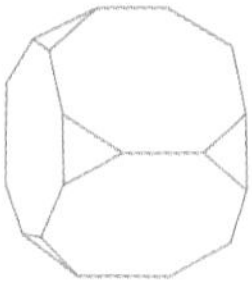

2

Les solides (polyèdres) de Platon que nous avons déjà rencontrés sont réguliers, autrement dit toutes leurs faces sont identiques. Les solides d'Archimède sont dits semi-réguliers, en ce sens que leurs faces sont de plusieurs types.

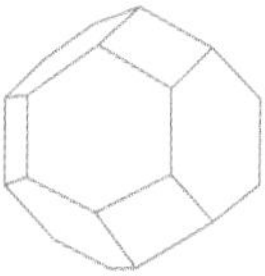

3

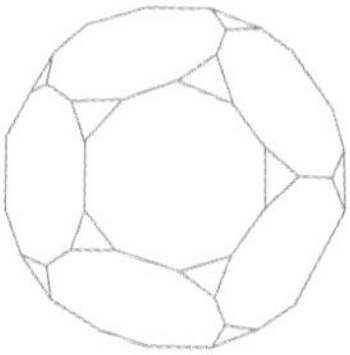

4

Bien que les solides d'Archimède aient des faces diverses, leurs sommets sont réguliers (ils sont tous identiques). Ces formes sont assez complexes et se rencontrent certainement beaucoup moins dans la vie de tous les jours que les solides de Platon. Les nombres des faces, des arêtes et des sommets des solides d'Archimède obéissent à la même formule que ceux des solides de Platon, à savoir $F + S - A = 2$.

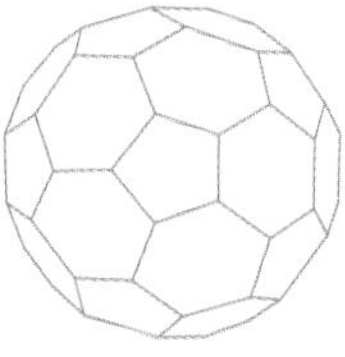

5

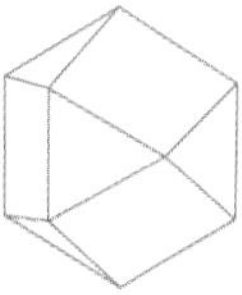

6

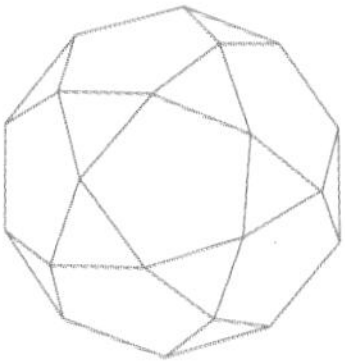

7

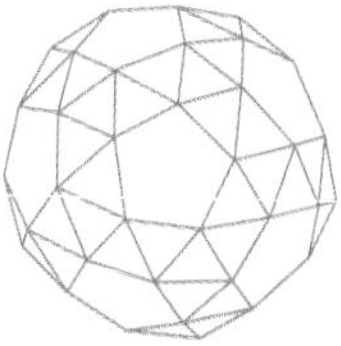

8

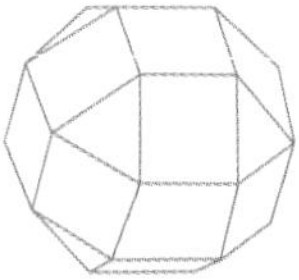

9

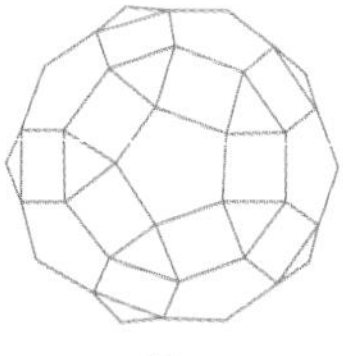

11

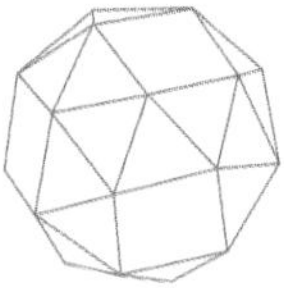

13

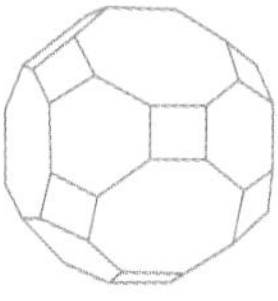

12

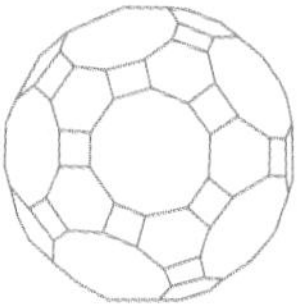

10

• Les solides d'Archimède peuvent sembler étranges, mais l'un d'eux devrait nous paraître un peu plus familier : le cinquième se retrouve en effet dans le ballon de certains sports collectifs. Des volontaires pour jouer avec un ballon icosaédrique tronqué ?

LES SOLIDES (POLYÈDRES) D'ARCHIMÈDE

Nom	Faces	Sommets	Arêtes
1. Tétraèdre tronqué	8 (4 triangles, 4 hexagones)	12	18
2. Cube tronqué (hexaèdre tronqué)	14 (8 triangles, 6 octagones)	24	36
3. Octaèdre tronqué	14 (6 carrés, 8 hexagones)	24	36
4. Dodécaèdre tronqué	32 (20 triangles, 12 décagones)	60	90
5. Icosaèdre tronqué	32 (12 pentagones, 20 hexagones)	60	90
6. Cuboctaèdre	14 (8 triangles, 6 carrés)	12	24
7. Icosidodécaèdre	32 (20 triangles, 12 décagones)	30	60
8. Dodécaèdre «camus»	92 (80 triangles, 12 pentagones)	60	150
9. Petit rhombicuboctaèdre	26 (8 triangles, 18 carrés)	24	48
10. Grand rhombicosidodécaèdre	62 (30 carrés, 20 hexagones, 12 décagones)	120	180
11. Petit rhombicosidodécaèdre	62 (20 triangles, 30 carrés ,12 pentagones)	60	120
12. Grand rhombicuboctaèdre	26 (12 carrés, 8 hexagones, 6 octagones)	48	72
13. Cube «camus» (hexaèdre camus)	38 (32 triangles, 6 carrés)	24	60

Portrait

Ératosthène

L'atterrissage sur la Lune est une falsification, des avions peuvent « renifler» le pétrole et la Terre est plate... Il est vraiment étonnant que l'idée d'une Terre plate ait eu la vie si dure au Moyen Âge, alors que tant d'éléments suggèrent qu'elle ne l'est pas, notamment le fait que les bateaux disparaissent graduellement à l'horizon en s'éloignant, que le Soleil et la Lune sont ronds et, aussi, que pendant les éclipses, l'ombre projetée a la forme d'un disque. Quand on sait que les savants de l'Antiquité l'avaient déjà clairement établi, il est étrange de penser que cette connaissance ait été perdue ensuite pendant des siècles.

La vie d'Ératosthène

Mathématicien et astronome grec, Ératosthène naquit à Cyrène, actuellement en Libye, en 276 av. J.-C. Il a de nombreuses réalisations à son actif. Il eut comme élève Ptolémée IV Philopator, fils de Ptolémée III Évergète, dont le grand père, Ptolémée Ier, fut l'un des généraux d'Alexandre le Grand. Ératosthène, lui, a calculé la circonférence de la Terre, la distance de la Terre à la Lune et aussi celle de la Terre au Soleil.

On doit au mathématicien d'avoir mis au point une méthode, nommée depuis « crible d'Ératosthène », qui permet de trouver les nombres premiers, ainsi qu'un calendrier avec année bissextile. Compte tenu de ces réalisations, le surnom de « Bêta » qui lui fut donné, parce qu'il venait immédiatement après le meilleur dans presque toutes les disciplines, n'étant le meilleur dans aucune, semble quelque peu injuste et même irrévérencieux. À la fin de sa vie, il perdit la vue et l'on dit qu'en 195 av. J.-C. il se suicida en se laissant mourir de faim.

Autour du monde

Le calcul de la circonférence de la Terre fait par Ératosthène laisse pantois, bien que certains mettent en doute sa validité, étant donné le nombre de paramètres entrant en jeu et les erreurs possibles. Ce n'en est pas moins un fameux exercice de mathématiques.

Ératosthène remarqua que, pendant la nuit du solstice d'été, la tour de Syène (Assouan de nos

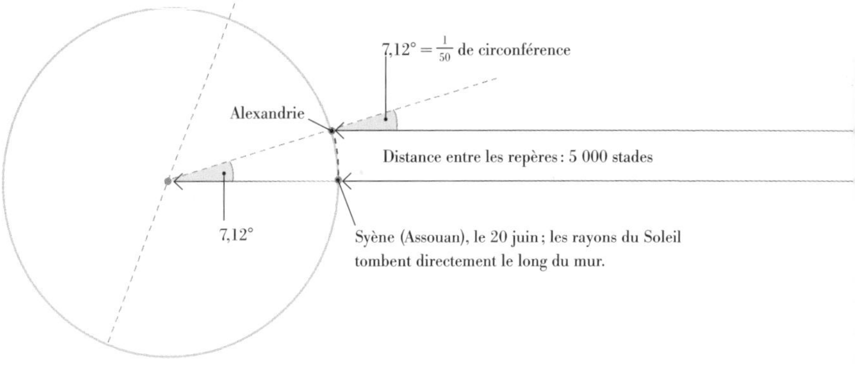

Œuvres majeures

• **Platonicus (perdu)**
Ouvrage traitant des mathématiques de la philosophie de Platon. Bien qu'il soit perdu, il est attesté par Théon de Smyrne (env. 70–135 apr. J.-C.), à qui l'on doit des travaux sur les nombres premiers et géométriques, et la musique.

• **Des significations (perdu)**
Autre traité perdu. Il est mentionné par le géomètre grec Pappus (290–350 apr. J.-C.), qui y voit l'un des meilleurs livres de géométrie jamais écrit.

• **Sur la mesure de la Terre (perdu)**
Dans ce traité, également perdu, Ératosthène calcule la circonférence de la Terre. Ces résultats sont attestés par l'astronome grec Cléomède (env. 10–70 apr. J.-C.) et Théon de Smyrne.

jours, en Égypte) ne projetait aucune ombre (du moins en pratique, car Assouan est situé légèrement au nord du tropique du Cancer). Il mesura ensuite l'angle de l'ombre portée pendant le solstice d'été à Alexandrie et trouva 7° 12' (soit 7,2°), mesure très précise qui représente $\frac{7,2°}{360°}$ ou $\frac{1}{50}$ de la circonférence terrestre. Cela c'était la partie facile.

Il savait donc maintenant que la distance de Syène à Alexandrie représentait $\frac{1}{50}$ de la circonférence terrestre. Il lui restait à mesurer effectivement cette distance. Ératosthène établit qu'elle était de 5 000 stades… mais que valait le stade? Diverses estimations donnent une valeur située entre 157 m et 185 m. La distance entre Alexandrie et Assouan étant de 843 km, en divisant ce nombre par 5 000 cela donne une valeur de 169 m pour le stade… en supposant que l'arpenteur ait pu mesurer à vol d'oiseau, c'est-à-dire en se déplaçant en ligne droite à travers le désert et les méandres du Nil!

Mais fermons les yeux sur les erreurs possibles et calculons les bornes supérieure et inférieure de la valeur obtenue pour la circonférence de la Terre. Si 5 000 stades représentent $\frac{1}{50}$ de la circonférence terrestre, alors la circonférence totale sera de 250 000 stades. Avec un stade de 157 m, la circonférence de la Terre serait de 39 250 km et avec un stade de 185 m, ce serait 46 250 km. Sachant que la circonférence réelle est pratiquement de 40 000 km, la première estimation, un peu faible, ne diffère que de 2 % de la valeur réelle, alors que la seconde est 16 % trop grande, ce qui, tout compte fait, constitue une approximation remarquablement bonne.

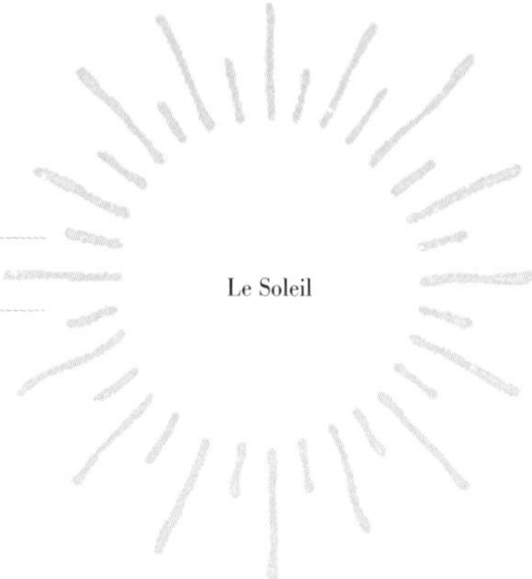

• La méthode astucieuse d'Ératosthène pour estimer la circonférence de la Terre repose sur la mesure de la longueur des ombres portées au solstice d'été.

Portrait

Diophante

Diophante constitue encore une autre énigme de l'Antiquité. Certains mathématiciens voient en lui le « père de l'algèbre », alors que d'autres réservent cette dénomination à Al-Khawarizmi (p. 86-87). En ce qui concerne Diophante, la raison en est que son *Arithmetica* est le premier traité dans lequel l'arithmétique, jusque-là constituée d'énoncés non formalisés, est exprimée à l'aide de symboles comme dans les mathématiques que nous utilisons de nos jours.

L'énigme de Diophante

Nous ne savons que très peu de chose sur Diophante d'Alexandrie, alors même qu'il s'agit d'un mathématicien dont l'influence se fait encore sentir de nos jours. Même le simple fait d'essayer d'établir l'époque exacte où il vécut est un casse-tête. Ce que nous savons de lui nous est parvenu indirectement ou provient de ce qui reste de ses écrits. Diophante vécut à Alexandrie au IIIe siècle de notre ère. On pense le plus souvent qu'il est né aux environs de 200 apr. J.-C. et qu'il mourut à quatre-vingt-quatre ans. Cette estimation résulte de recoupements de citations, comme celle faite par Théon d'Alexandrie (335-405 apr. J.-C.), autre mathématicien grec, père de Hypatie – la première mathématicienne connue de l'histoire –, qui, se référant à Diophante, place son décès avant 350 apr. J.-C.

L'information selon laquelle il serait mort à l'âge de quatre-vingt-quatre ans provient de l'« énigme de Diophante », formulée dans un traité grec du Ve siècle sur les jeux arithmétiques et dont une version en français est :

« Passant, sous ce tombeau repose Diophante.

[...]

« Des jours assez nombreux que lui compta le sort,

« Le sixième marqua le temps de son enfance ;

« Le douzième fut pris par son adolescence.

« Des sept parts de sa vie, une encore s'écoula,

« Puis s'étant marié, sa femme lui donna

« Cinq ans après un fils qui, du destin sévère

« Reçut de jours hélas ! deux fois moins que son père.

« De quatre ans, dans les pleurs, celui-ci survécut.

Concernant les équations diophantiennes, voir p. 66-67.

« Dis, si tu sais compter, à quel âge
il mourut. »

Selon cette énigme, Diophante serait donc mort à l'âge de quatre-vingt-quatre ans. Nous ne disposons malheureusement d'aucune autre information qui viendrait corroborer cette assertion. Cette énigme n'en est pas moins amusante à résoudre. Appelons x l'âge de sa mort. L'énigme nous permet de trouver x en résolvant l'équation :

$$x = \frac{x}{6} + \frac{x}{12} + \frac{x}{7} + 5 + \frac{x}{2} + 4$$

et en faisant passer x à gauche, il vient :

$$x - \frac{x}{6} - \frac{x}{12} - \frac{x}{7} - \frac{x}{2} = 9$$

Réduisons ensuite au même dénominateur (84), ce qui permet de mettre l'équation sous la forme :

$$\frac{84x}{84} - \frac{14x}{84} - \frac{7x}{84} - \frac{12x}{84} - \frac{42x}{84} = 9$$

soit, après calcul du numérateur :

$$\frac{9x}{84} = 9$$

et donc : $x = 84$

Œuvres majeures

• **Arithmétique**
Recueil de problèmes (130 selon certains, 189 selon d'autres), permettant d'obtenir des solutions chiffrées à des équations déterminées (à une variable, avec une solution unique) et indéterminées (à plusieurs variables, admettant un nombre infini de solutions). Cette Arithmétique *était divisée en treize livres, dont six sont parvenus jusqu'à nous. On connaît aussi quatre livres arabes que certains pensent être des traductions du traité de Diophante. L'ouvrage fournit des solutions à des équations du premier et du second degré, mais Diophante ne prenait en considération que les solutions positives rationnelles, ignorant donc le zéro et les nombres négatifs. Ces livres furent traduits en latin par Bombelli* *(voir p. 111)* *en 1570 et influencèrent les mathématiques européennes jusqu'à nos jours. Ainsi, une traduction de 1621 due à Claude Bachet, un mathématicien français qui écrivait des livres sur les casse-tête mathématiques, fit écrire à Pierre de Fermat (env. 1601–1665), dans la marge d'un exemplaire de ce livre : « J'ai trouvé une merveilleuse démonstration de cette proposition, mais la marge est trop étroite pour la contenir. » Il fallut plus de trois siècles aux mathématiciens pour résoudre enfin ce « dernier théorème de Fermat ».*

• **Porismes (perdu)**
Dans son Arithmétique, *Diophante se réfère à un autre de ses ouvrages,* Porismes, *dont il ne reste rien, mais quelques fragments d'un autre traité sur les nombres « polygonaux » subsistent.*

Exercice

9 Les équations diophantiennes

PROBLÈME

L'oncle Picsou achète des œufs de Pâques pour sa famille : Riri, Fifi et Loulou d'une part et Donald, Daisy et Pluto d'autre part. Chaque groupe doit recevoir un nombre égal d'œufs. Riri, Fifi et Loulou doivent tous recevoir le même nombre d'œufs, de même pour Donald et Daisy, mais Pluto doit en recevoir six. Trouver toutes les solutions possibles.

MÉTHODE

Il faut d'abord comprendre qu'il y a plusieurs solutions au problème ; il y en a même une infinité. De plus, ces solutions ne peuvent être que des entiers naturels (voir p. 14). A moins que vous ne soyez très bizarre, vous ne donneriez pas non plus un nombre d'œufs négatif, fractionnaire ou irrationnel. De telles équations sont qualifiées de diophantiennes, en l'honneur du mathématicien Diophante que nous avons présenté dans les pages précédentes.

Une équation diophantienne est une équation indéterminée (c'est-à-dire possédant une infinité de solutions) à solutions entières. Dans notre exemple, nous retournons d'une certaine manière aux sources, puisque Diophante, comme nous, exclut des solutions le zéro et les nombres négatifs, considérées par lui comme absurdes.

Comme exemple d'équation diophantienne, on peut citer en premier lieu l'équation associée au théorème de Pythagore, laquelle est indéterminée, car admettant une infinité de solutions entières. Parmi ces dernières, il y a (3, 4, 5), (5, 12 13) et leurs multiples, tels (6, 8, 10), et bien d'autres encore (voyez p. 45 la formule qui permet d'obtenir les triplets pythagoriques).

Un autre type d'équation diophantienne est donné par l'équation linéaire de la forme $ax + by = c$, dont un exemple est $3x - 2y = 6$.

Pour revenir au cas étudié, posons l'équation à résoudre. Soit x le nombre d'œufs que Riri, Fifi et Loulou reçoivent chacun, ce qui fait $3x$ au total pour ce groupe. Soit y le nombre d'œufs reçus par Donald et Daisie, le second groupe reçoit donc, en n'oubliant pas Pluto, $2y + 6$ œufs. Le nombre d'œufs reçus par chaque groupe doit être le même, d'où l'équation : $3x = 2y + 6$, que l'on peut encore écrire $3x - 2y = 6$.

C'est là l'équation d'une droite. Pour en tracer le graphe, nous déterminons ses points d'intersection avec les deux axes. La droite coupe l'axe des x en un point pour lequel $y = 0$, d'où $3x = 6$, et donc $x = 2$. De même nous faisons $x = 0$ pour calculer l'intersection avec l'axe des y, ce qui donne $-2y = 6$, d'où $y = -3$ (voir la figure ci-contre).

GRAPHE 1

(2 + 2*n*, 0 + 3*n*)

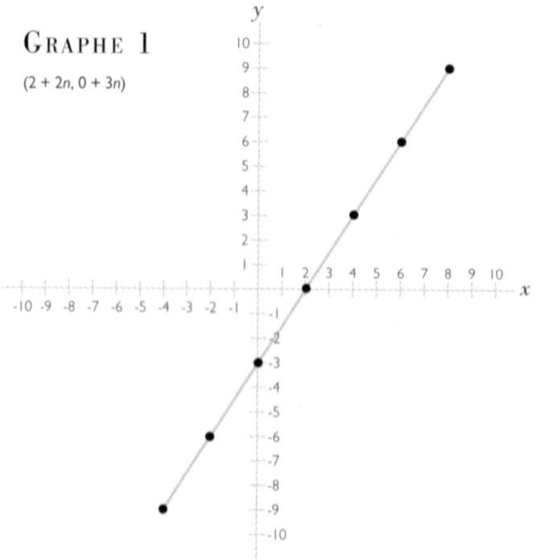

• Les équations diophantiennes n'admettent que des solutions entières. Seuls les points de coordonnées entières peuvent être solutions.

On voit que la droite trouvée passe par des « solutions entières » (les points situés sur la droite dont les coordonnées sont entières). Le graphe passe par (2, 0) et (4, 3), mais aussi par un grand nombre d'autres, une infinité en fait, répartis sur toute la droite dans les deux directions.

Dans les équations diophantiennes, on ne retient que les solutions entières, ignorant les solutions rationnelles et irrationnelles. Les solutions entières sont en nombre infini. Par chance, lorsque l'on dispose de l'une d'elles, les autres s'en déduisent facilement. Pour passer du point (2, 0) au point (4, 3), il faut simplement se déplacer de deux unités sur l'axe des x et de 3 sur l'axe des y, et ainsi de suite. Ce processus vaut dans les deux directions, jusqu'à l'infini. Puisqu'il est impossible de faire la liste d'un nombre infini de solutions, nous nous contentons d'écrire $(2 + 2n, 0 + 3n)$, où n est un entier. Ainsi, pour $n = 1$, nous obtenons (4, 3) ; $n = 2$ donne (6, 6) et $n = 3$ donne (8, 9), etc.

SOLUTION

Riri, Fifi et Loulou recevront donc $2 + 2n$ œufs, alors que Donald et Daisy en auront $0 + 3n$, c'est-à-dire $3n$, et Pluto 6 dans tous les cas (n étant un entier naturel).

Chapitre

3

Égypte, Inde et Perse

Comme nous l'avons vu au début du chapitre précédent, il n'est pas impossible que l'importance que nous attachons à la Grèce antique nous masque les progrès mathématiques faits ailleurs. Des mathématiciens orientaux comme Brahmagupta, Al-Khawarizmi ou Omar Kharyyam, et bien d'autres encore, ont en effet apporté à l'avancement des mathématiques une contribution dont on pourrait soutenir qu'elle est encore plus importante que celle des Grecs.

MATHÉMATIQUES ÉGYPTIENNES

Chez les Égyptiens de l'Antiquité, les mathématiques ont connu un essor considérable. Ils possédaient déjà un système de numération en base dix, mais utilisaient, contrairement à nous, des symboles distincts pour représenter les nombres un, dix, cent, etc., et pour finir un million. J'adore le type à genoux servant à représenter le million ; je me l'imagine crier : « J'ai gagné un million… Je suis riche ! »

L'arithmétique des Égyptiens

Les anciens Égyptiens représentaient habituellement les nombres comme sur la figure ci-dessous ; ces représentations permettent de former aisément d'autres nombres. Par exemple, le nombre un (1) étant représenté par I, deux, trois, etc., jusqu'à neuf seront représentés par autant de I ; trois s'écrira donc III.

Les nombres au-delà de neuf se formaient aussi simplement. Quand ils arrivaient au prochain hiéroglyphe, ils le plaçaient tout bonnement au début ; par exemple, 123 s'écrira 𓍢∩∩III.

De la même façon, il leur était facile d'ajouter et de soustraire, utilisant un système de report et de retenue très semblable au nôtre. Ajoutons par exemple 28 à 103 (respectivement ∩∩IIIIIIII et 𓍢III).

L'ajout des chiffres des unités donne 11, qui s'écrit à l'aide d'un un et d'un dix, soit IIIIIIIIIII = ∩I, ce qui ressemble à ce que nous faisons dans notre propre arithmétique. Puis on procède de même pour les dizaines et les centaines. D'où :

28 + 103 = 131 ou ∩∩IIIIIIII + 𓍢III = 𓍢∩∩∩I

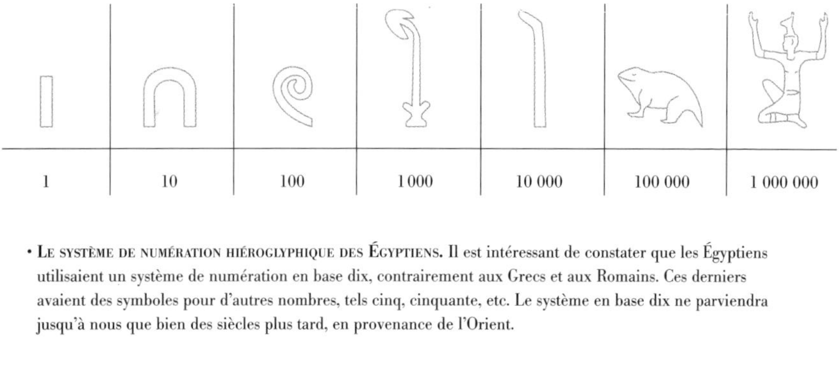

• Le système de numération hiéroglyphique des Égyptiens. Il est intéressant de constater que les Égyptiens utilisaient un système de numération en base dix, contrairement aux Grecs et aux Romains. Ces derniers avaient des symboles pour d'autres nombres, tels cinq, cinquante, etc. Le système en base dix ne parviendra jusqu'à nous que bien des siècles plus tard, en provenance de l'Orient.

La multiplication et la division présentent un peu plus de difficulté, mais la méthode utilisée n'est pas dépourvue d'intérêt. Ils doublaient successivement l'un des deux nombres. Essayons avec 11 • 26.

𓎆𓎆𓏺𓏺𓏺𓏺𓏺𓏺 = une fois 26
𓎆𓎆𓎆𓎆𓎆𓏺𓏺 = deux fois 26
𓍢𓏺𓏺𓏺𓏺 = quatre fois 26
𓍢𓍢𓏺𓏺𓏺𓏺𓏺𓏺𓏺𓏺 = huit fois 26

Pour faire onze fois 26, ils ajoutaient deux fois 26 à huit fois 26, puis (une fois) 26 ($8 + 2 + 1 = 11$), ce qui donne 16 pour les unités, donc finalement 6 en retenant 1 pour les dizaines. On a alors un total de 6 unités, huit dizaines et deux centaines, d'où :

𓍢𓍢𓎆𓎆𓎆𓎆𓎆𓎆𓎆𓎆𓏺𓏺𓏺𓏺𓏺𓏺 = 286

Les fractions

Les anciens Égyptiens savaient aussi utiliser les fractions. Pour les écrire, ils ajoutaient simplement un « œil » au-dessus du nombre qui représentait le diviseur; ainsi $\frac{1}{2}$ s'écrivait 𓂋𓏺𓏺 et $\frac{1}{10}$ aurait été 𓂋𓎆.
Ils ne pouvaient exprimer ainsi que des fractions où le numérateur est le nombre 1 (fractions dites unitaires). Les autres fractions s'obtenaient comme somme de telles fractions simples ; par exemple, $\frac{5}{6}$ s'écrivait 𓂋𓏺𓏺 + 𓂋𓏺𓏺𓏺 ($\frac{1}{2} + \frac{1}{3}$).

On a émis l'hypothèse que l'usage que les Grecs faisaient des fractions unitaires aurait son origine chez les Égyptiens.

LE PAPYRUS RHIND ET CELUI DE MOSCOU

Le papyrus Rhind doit son nom à l'égyptologue Alexander Henry Rhind qui l'acheta en Égypte en 1858. Il s'agit d'un rouleau de 6 m de long sur 30 cm de large. Il a été écrit vers 1650 av. J.-C. par Ahmose (transcrit aussi Ahmes), un scribe qui affirme qu'il recopiait là un texte plus ancien d'environ deux cents ans. Le texte original aurait donc été composé vers 1850 av. J.-C.
Ce document renferme quelques quatre-vingt sept problèmes, allant de l'arithmétique élémentaire – encore que la numération et les opérations élémentaires égyptiennes ne soient pas dépourvues de difficultés – à la géométrie et à la résolution d'équations. Bien qu'il y soit question d'équations, celles-là ne sont pas de même nature que celles que nous connaissons de nos jours : telle que nous la concevons, la notation algébrique n'apparaîtra pas avant des siècles.
Le papyrus de Moscou, dit encore papyrus Golenichtchev, est long d'environ 4,5 m pour une largeur de 7 cm. Il renferme vingt-cinq problèmes, principalement de géométrie.
Ce papyrus est conservé actuellement à la bibliothèque du musée Pouchkine, à Moscou, et le papyrus Rhind au *British Museum*, à Londres.

Exercice 10

La complétion du carré

PROBLÈME

Les équations du second degré ont beaucoup d'applications pratiques, par exemple en rapport avec la gravitation, comme ci-dessous. Dans le premier problème, Luc et Anne essayent de s'atteindre en lançant une balle par-dessus une clôture. La trajectoire de la balle lancée par Luc est une parabole d'équation $h = -x^2 - 6x + 40$ (voir p. 96-97), où h est la hauteur et x la distance à la clôture. À quelle distance de la clôture Luc se trouvait-il lorsqu'il a lancé la balle et à quelle distance la balle est-elle retombée de l'autre côté ?

MÉTHODE

Il y a plusieurs façons de résoudre une équation du second degré, par exemple à l'aide la méthode dite de la complétion du carré à laquelle nous allons nous intéresser, d'abord d'un point de vue géométrique. Nous cherchons à savoir où la balle atteint le sol, lequel a pour hauteur 0, soit $h = 0$. L'équation se réduit alors à :

$$0 = -x^2 - 6x + 40$$

Pour simplifier, nous allons ajouter $x^2 + 6x$ des deux côtés de l'équation :

$$x^2 + 6x = 40$$

Cela nous aide, car les nombres positifs permettent une solution géométrique. Maintenant x^2 peut représenter l'aire d'un carré de côté x et $6x$ représenter l'aire d'un rectangle de longueur x et de largeur 6.

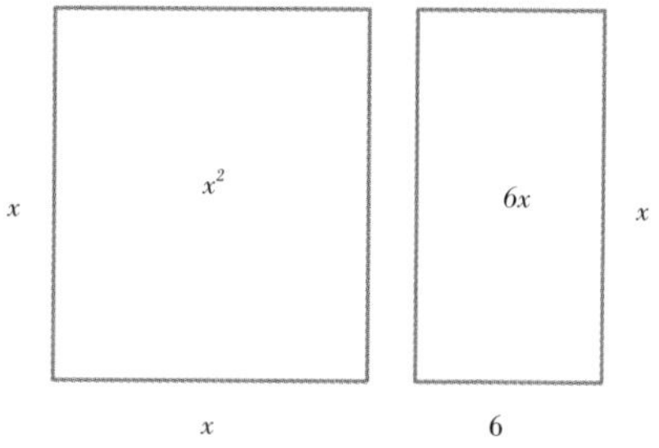

En réunissant ces deux figures, nous obtenons un rectangle de côtés x et $x + 6$, et d'aire $x \cdot (x + 6)$. Arrivés à ce point, nous pouvons facilement deviner la valeur de x, et si le nombre s'avère un nombre entier nous pourrons nous estimer heureux. Mais s'il s'agit d'un nombre rationnel non entier ou d'un nombre irrationnel, les choses se compliquent.

Ici, nous « complétons » un carré, non un rectangle, aussi faut-il diviser le rectangle $6x$ en deux rectangles égaux, de côtés 3 et x et d'aires $3x$, et les placer le long de deux côtés consécutifs du carré.

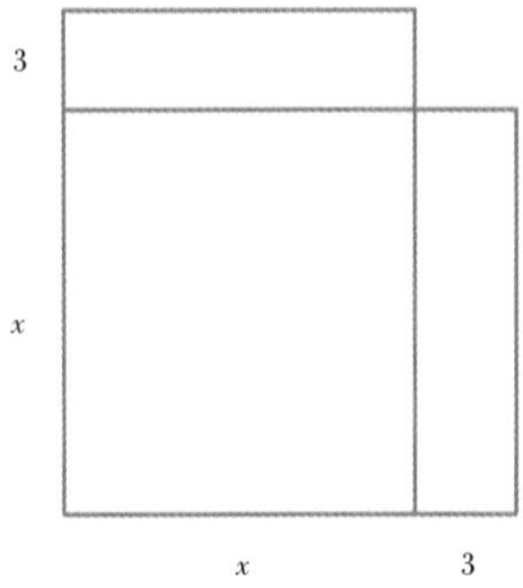

Nous complétons alors le carré en remplissant le coin supérieur droit. Le petit carré ajouté ayant pour côté 3, une simple multiplication nous donne ce que nous cherchons – sans oublier d'ajouter 9 des deux côtés. D'où :

$$(x + 3)^2 = 49$$

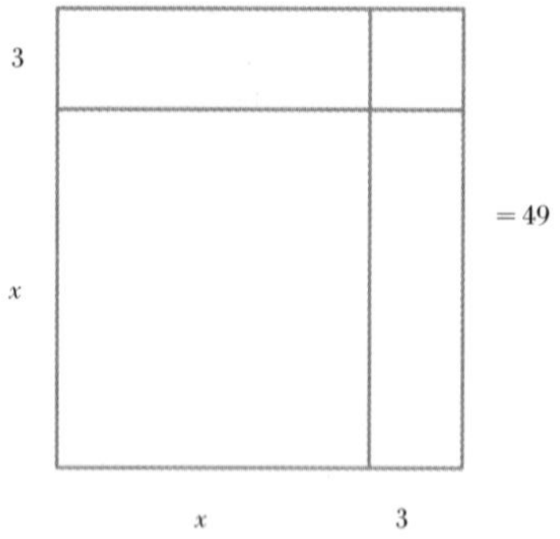

Il nous faut maintenant nous demander quel est le nombre dont le carré est 49. Eh bien, 7^2 faisant 49, $x + 3$ doit valoir 7 et il en résulte que $x = 4$.

Tout cela se tient, mais il existe une autre valeur de x, cette fois négative, qui échappe complètement à cette approche géométrique. Même si Diophante (voir p. 64-65), en son temps, les qualifiait d'absurdes, les solutions négatives n'en sont pas moins licites d'un point de vue purement mathématique. Ici, $(-7)^2$ faisant aussi 49, $x + 3$ peut valoir -7 aussi bien, d'où $x = -10$. Il faut bien l'admettre, il est pour le moins difficile de dessiner un carré de côté -10, d'où une aversion naturelle pour les nombres négatifs lorsqu'on s'attaque au problème d'un point de vue géométrique.

SOLUTION

Avec les valeurs prises ici (-10 et 4), Luc se trouvait à 10 m de la clôture quand il lança la balle, laquelle toucha le sol à 4 m au-delà de ladite clôture. (L'histoire ne dit pas s'il a touché Anne.)

MATHÉMATIQUES INDIENNES

Tous, nous utilisons les nombres quotidiennement, mais la plupart des gens le font sans avoir la moindre idée de leur origine. Nous sommes bien plus au fait de l'étymologie et le l'évolution de notre langue, mais les nombres jouent pourtant un rôle crucial dans notre vie.

Les sulbasoutra

Les sulbasoutra sont des appendices à des textes religieux. Il ne s'agit pas de textes théoriques, mais plutôt de mathématiques appliquées en rapport avec l'architecture religieuse.

Le théorème de Pythagore – du moins dans le cas particulier d'un triangle rectangle isocèle – est traité dans le sulbasoutra de Baudhayana (vers 800-740 av. J.-C.). Le fait de se référer à Pythagore, sachant qu'il ne devait naître que deux siècles plus tard, révèle une perception du monde très centrée sur l'Occident. Dans le sulbasoutra de Katyayana (vers 200-140 av. J.-C.), il est encore fait référence à ce théorème.

Peu de temps auparavant, deux sulbasoutra, celui de Apastamba, qui vécut au VIe av. J.-C., et celui de Katyayana (IIIe siècle av. J.-C.), donnent pour la racine carrée de 2 (voir p. 32) la valeur $\frac{577}{408}$, laquelle est exacte jusqu'à la cinquième décimale.

Ces textes concernant l'architecture, on y utilise des cercles. On constate avec intérêt que l'approximation pour la valeur de π change suivant les procédés de calcul. Il semble que le caractère pratique du contenu des sulbasoutra rendait superflue la valeur exacte. Les valeurs de π utilisées se situaient entre 3 et 3,2.

Le système de numération indien

L'importance de la contribution indienne fit écrire au mathématicien français Pierre-Simon de Laplace (1749-1827) : « C'est de l'Inde que nous vient l'ingénieuse méthode d'exprimer tous les nombres avec dix caractères, en leur donnant à-la-fois, une valeur absolue et une valeur de position ; idée fine et importante, qui nous paraît maintenant si simple, que nous en sentons à peine, le mérite. Mais cette simplicité même, et l'extrême facilité qui en résulte pour tous les calculs, placent notre système d'arithmétique, au premier rang des inventions utiles ; et l'on appréciera la difficulté d'y parvenir, si l'on considère qu'il a échappé au génie d'Archimède et d'Apollonius, deux des plus grands hommes dont l'Antiquité s'honore. » (*Exposition du système du Monde*, 1803)

Laplace avait raison ; grand serait notre désarroi, s'il fallait encore utiliser la numération romaine ! Les progrès que nous avons faits auraient sans doute été

retardés. Il nous suffit de nous rappeler les difficultés de multiplication liées au système de numération égyptien, lequel pourtant était en base 10 : le système romain aurait été pire encore.
Le système brahmi, apparu vers 250 av. J.-C., présente des affinités avec le système en base 10. Il possédait un jeu de signes distincts pour les neuf premiers nombres et d'autres pour les multiples de dix et de cent. Il y avait donc un signe pour vingt, trente, quatre cent, etc. Au VIIe siècle av. J.-C., à peu près à l'époque de Brahmagupta (voir p. 78-79), un système positionnel en base 10 fut adopté. Il est remarquable que les Égyptiens utilisaient un système en base 10 non positionnel, alors que les Babyloniens faisaient usage d'un système positionnel, mais en base 6.

Les mathématiques indiennes

Nous avons parlé des sulbasoutra qui consignent des connaissances substantielles en mathématiques, mais qui, comme chez les Égyptiens, ne concernaient que les applications. Rendons-nous maintenant en 476, année de naissance de Aryabhata. Aryabhata écrivit *Aryabhatiya*, un recueil de toutes les connaissances mathématiques de son époque, comme Euclide le fit pour la géométrie (voir p. 54-55). Cet ouvrage traite d'arithmétique, d'algèbre, de trigonométrie et des équations du second degré, donnant aussi une approximation très précise de π (3,1416). Euclide se distingue par des démonstrations rigoureuses. Plus tard, au VIe siècle, Varahamihira présentera l'ensemble des connaissances astronomiques de son temps, en même temps qu'une étude du triangle de Pascal (voir p. 130-135) et des carrés magiques (voir ci-dessous).
Ensuite viendra Brahmagupta (voir p. 78-79) qui vécut au VIIe siècle. Son œuvre fut complétée par Mahavira au IXe siècle. Plus tard, Prthudakasvami fit avancer l'algèbre des équations du second degré et Sridhara (870-930) fut l'un des premiers à proposer une formule générale pour résoudre les équations du second degré (voir p. 88-89), mais pour une seule racine.
Les mathématiques indiennes continuèrent à progresser, mais vers le XIIIe siècle, l'Occident prit l'avantage avec l'introduction par Fibonacci des nombres arabes en Europe.

LE CARRÉ MAGIQUE

Un carré est dit magique si la somme des nombres dans chaque rang, chaque colonne et chaque diagonale est constante. Ici, cette somme vaut quinze.

8	1	6
3	5	7
4	9	2

Exercice 11 La complétion du carré, bis...

PROBLÈME

Eudes et Agnan jouent à la balle. Entre eux se trouve une grande clôture par-dessus laquelle ils envoient la balle. La trajectoire de la balle lancée par Eudes est une parabole d'équation $h = -x^2 - 6x + 40$, où h est la hauteur au dessus du sol et x la distance à la clôture qui représente le point zéro. À quelle distance de la clôture Eudes se trouvait-il lorsqu'il a lancé la balle et à quelle distance de l'autre côté de la clôture la balle est-elle retombée ?

MÉTHODE

Ce problème peut paraître familier. Il y a cependant bien des façons de résoudre les équations du second degré.
La meilleure manière de présenter différentes méthodes est de faire usage à chaque fois du même exemple en espérant arriver dans tous les cas à… la même solution. Reprenant l'exemple de la complétion du carré, nous adopterons cette fois le point de vue algébrique.
La première chose à noter est que nous essayons de trouver où la balle touche le sol, lequel a pour hauteur $h = 0$.

L'équation devient alors :

$$0 = -x^2 - 6x + 40.$$

Simplifions en ajoutant x^2 et $6x$ des deux côtés de l'équation :

$$x^2 + 6x = 40$$

Compléter le carré algébriquement est comparable à l'utilisation de la géométrie sans recours aux figures (voir p. 72-73). Nous commençons par diviser par deux le coefficient de la partie linéaire ($6x$), ce qui donne 3. Si nous comparons avec ce que nous avons fait p. 72-73, cela revient à diviser le rectangle $6x$ en deux parties égales. Mettons ensuite au carré le nombre 3, obtenant ainsi 9, que nous ajoutons de part et d'autre de l'équation, d'où :

$$x^2 + 6x + 9 = 40 + 9$$

Le membre de gauche, après mise en facteurs, peut s'écrire $(x + 3)(x + 3)$, ce qui est $(x + 3)^2$, d'où :

$$(x + 3)^2 = 49$$

Prenons ensuite la racine carrée des deux côtés :

$$\sqrt{(x + 3)^2} = \pm\sqrt{49}$$

Le signe ± devant $\sqrt{49}$ indique que 7^2 aussi bien que $(-7)^2$ font 49. La racine carrée du carré d'une valeur étant cette valeur elle-même, la racine carrée et le carré s'annulent et il reste (x + 3) à gauche (la racine carrée de 49 devient ±7), d'où :

$$(x + 3) = \pm 7$$

Soustrayons 3 des deux côtés :

$$x = \pm 7 - 3$$

D'où, finalement, les deux solutions :

$$x = -7 - 3 = -10$$
$$x = +7 - 3 = 4$$

SOLUTION

Eudes se trouvait donc à 10 mètres à gauche de la clôture (nombre négatif) lorsqu'il lança la balle, laquelle toucha le sol à 4 mètre de l'autre côté (nombre positif).

GRAPHE 2

($h = -x^2 - 6x + 40$)

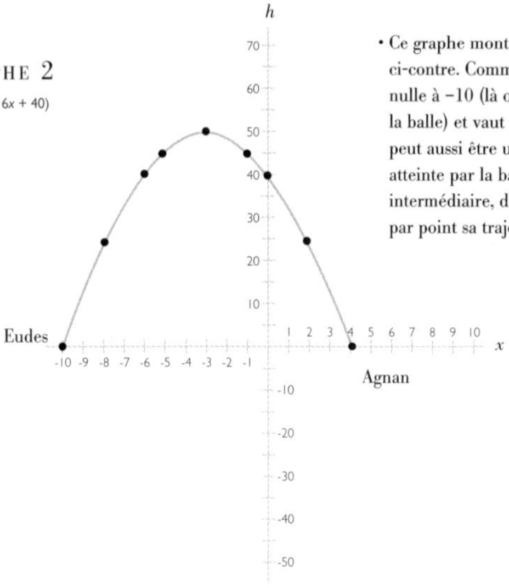

• Ce graphe montre la parabole associée à l'équation ci-contre. Comme on peut le voir, la hauteur h est nulle à −10 (là où Eudes se trouve lorsqu'il envoie la balle) et vaut 4 au-dessus de la clôture. L'équation peut aussi être utilisée pour calculer la hauteur atteinte par la balle à n'importe quelle distance intermédiaire, d'où la possibilité de tracer point par point sa trajectoire.

Portrait

Brahmagupta

Parfois les choses en apparence les plus insignifiantes sont aussi les plus importantes. Les Égyptiens disposaient d'un système de numération en base dix, les Babyloniens d'un système à notation positionnelle. Nous devons à Brahmagupta le système à notation positionnelle en base dix que nous utilisons de nos jours et sans lequel nos calculs seraient considérablement plus difficiles. Brahmagupta fut également le premier à faire des recherches sur le zéro en tant que nombre, pas seulement comme marqueur de position.

Brahmagupta naquit en 598 à Bhinmal, ville du Nord-Ouest de l'Inde, près de l'actuel Pakistan. Directeur de l'observatoire de Ujjain, près de Bhinmal, centre de recherche consacré à l'astronomie et aux mathématiques, il y rédigea plusieurs traités, dont *Brahmasphutasiddhanta* est le plus fameux (il sera présenté plus en détail ci-dessous), mais aussi *Cadamekela*, *Khandakhadyak* et *Durkeamynarda*, ouvrages sur lesquels très peu d'informations sont parvenues jusqu'à nous. Il mourut en 670.

Le *Brahmasphutasiddhanta*

Il s'agit d'un traité comportant vingt-cinq chapitres. Écrit par Brahmagupta en 628, à l'âge de trente ans, il eut une profonde influence sur les mathématiques en Occident. Les dix premiers chapitres semblent être la réédition d'un ouvrage plus ancien du même auteur, les quinze autres étant des compléments ou suppléments aux dix premiers. Différents sujets y sont traités, telle

LES RÈGLES DE BRAHMAGUPTA

L'importance de ces règles réside dans le fait que zéro y est traité comme un nombre, non comme un marqueur d'emplacement, et que les nombres négatifs y sont traités comme des nombres, non comme des résultats à ignorer.

1) zéro plus un nombre est ce nombre;
2) un nombre moins zéro est ce nombre;
3) zéro fois zéro vaut zéro;
4) un nombre négatif moins zéro est ce nombre;
5) un nombre positif moins zéro est ce nombre;
6) zéro moins zéro vaut zéro;
7) zéro moins un nombre négatif est positif;
8) zéro moins un nombre positif est négatif;
9) zéro fois un nombre est zéro;
10) zéro fois zéro vaut zéro;
11) le produit ou le quotient de deux nombres positifs est positif;
12) le produit ou le quotient de deux nombres négatifs est positif;
13) le produit ou le quotient d'un nombre négatif par un nombre positif est négatif;
14) le produit ou le quotient d'un nombre positif par un nombre négatif est négatif.

l'analyse diophantienne (voir p. 66-67) au chapitre douze où Brahmagupta se penche sur les triplets pythagoriques (voir p. 45) et une famille d'équations connues maintenant sous le nom d'équations de Pell (voir ci-contre). On y trouve aussi une équation s'appliquant à une curiosité mathématique, le quadrilatère « cyclique » (ou inscrit, c'est-à-dire dont les quatre sommets sont sur un cercle; voir la figure, en bas).
La section de loin la plus importante est consacrée au zéro et aux nombres négatifs. Cela correspond en gros à ce que nous apprenons sur les nombres entiers à l'âge de douze ans (voir l'encart en bas, à gauche).
Le *Brahmasphutasiddhanta* traite le zéro et les nombres négatifs comme solutions potentielles. Dans l'approche géométrique, générale avant Brahmagupta, le zéro et les nombres négatifs étaient ignorés ou regardés comme des solutions absurdes: dans le monde réel, zéro objet n'a rien de concret, pas plus qu'une longueur ou une aire négatives. De nos jours, il en va autrement: nous ne pouvons, certes, tenir en main un billet de moins dix euros, mais un compte bancaire peut être débiteur et le crédit négatif donc. Chemin faisant, Brahmagupta se heurta à quelques difficultés, notamment lorsqu'il s'est agi de diviser par zéro.
En ce qui concerne ce point, rien n'a changé, comme en témoignent tous les utilisateurs des mathématiques (sciences, ingénierie, économie, médecine, etc.).

ÉQUATIONS DE PELL

Elles sont de la forme $x^2 - ny^2 = 1$. Elles sont attribuées au mathématicien anglais John Pell (1611-1685) qui, en fait, n'a pas grand-chose à voir avec elles. Brahmagupta fut le premier à les étudier. Diophante, déjà, avait étudié de semblables équations (voir p. 64-65). Leur intérêt réside dans ce que leurs solutions entières permettent une approximation de la racine de n, en ce sens que, par exemple, les solutions de $x^2 - 2y^2 = (1)$, soit (3, 2), (17, 12), (577, 408), etc., approchent de mieux en mieux la racine carrée de deux ($n = 2$):

$$\frac{3}{2} = 1{,}5$$

$$\frac{17}{12} = 1{,}416$$

$$\frac{577}{408} = 1{,}414215686$$

alors que $\sqrt{2} = 1{,}414213563$

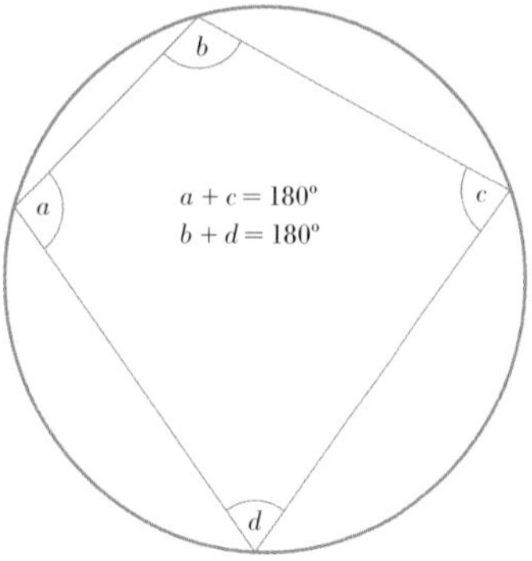

• Un quadrilatère cyclique est un quadrilatère inscrit dans un cercle. Ces quadrilatères ont des propriétés remarquables, entre autres que la somme de leurs angles opposés vaut 180°.

Exercice 12

Résolution par décomposition

PROBLÈME

Deux voisins, Jeanne et Paul, ont creusé une piscine parabolique commune dans leur jardin. L'équation de cette piscine est $6x^2 + 5x - 21 = d$, où d est la profondeur et x le nombre de mètres de part et d'autre de la frontière commune des deux jardins. Sur quelle distance la piscine s'étend-elle chez chacun d'eux?

MÉTHODE

Il nous faut tout d'abord établir avec précision ce que nous voulons trouver. C'est souvent l'étape la plus difficile. La piscine étant creusée dans le sol, trouver sur quelle distance elle s'étend dans chaque jardin revient à trouver x lorsque la profondeur d est nulle, autrement dit à résoudre l'équation :

$$6x^2 + 5x - 21 = 0$$

Une méthode possible consiste à procéder à tâtons, en donnant des valeurs à x, puis en résolvant l'équation pour voir si l'on trouve zéro, ce qui n'est pas très commode. Il n'est pas possible d'y isoler la variable x, puisqu'elle y figure aussi au carré. Ce problème peut être résolu de différentes façons.
Comme nous l'avons vu p. 34-35, la multiplication des deux binômes du premier degré donne une équation du deuxième degré. Nous allons procéder en sens inverse, en décomposant notre équation en deux binômes. Il nous faudra ensuite trouver la valeur de x annulant chaque binôme.
Rappelons-nous qu'un binôme prend la forme $(ax + b)(cx + d) = 0$, où a, b, c et d sont des nombres (voyez p. 32-35).
Afin de trouver ces nombres, on peut tenter de les deviner, mais il faudra compter avec la chance ou se résoudre à perdre du temps. De plus, si les solutions ne sont pas entières, le procédé sera presque sans espoir.

Une autre possibilité consiste, partant du trinôme, à mettre ce dernier en facteurs sous la forme du produit de deux binômes. Le procédé est approprié lorsque les solutions sont rationnelles, mais guère lorsqu'elles sont irrationnelles. Nous donnerons ici une méthode de résolution par décomposition ; deux autres seront présentées p. 84-85.

Méthode par décomposition

Étape 1. Multiplions le premier et le dernier nombre à gauche du signe = :

$$6x^2 + 5x - 21$$

$$\searrow \quad \swarrow$$

$$-126$$

Étape 2. Trouvons un couple de nombres dont le produit est −126, puis ajoutons 5 :

$$-126$$

$$\swarrow \quad \searrow$$

$$14 \quad -9$$

Étape 3. Décomposons le terme du milieu comme suit :

$$6x^2 + 14x - 9x - 21$$

Étape 4. Trouvons les facteurs communs dans le premier couple et le dernier : $6x^2$ et $14x$ peuvent tous deux être divisés par 2 et x ; $-9x$ et -21 peuvent de même être divisés par −3. Mettons ces facteurs communs devant les parenthèses contenant le reste, soit $3x + 7$ dans les deux cas :

$$2x(3x + 7) - 3(3x + 7)$$

Étape 5. Factorisons maintenant la parenthèse commune en groupant les termes précédant chacune d'elles :

$$(2x - 3)(3x + 7)$$

Résolution des binômes

Maintenant que nous savons factoriser le trinôme en le produit de deux binômes, il est temps d'égaler l'équation à zéro, afin de résoudre le problème posé :

$$(3x + 7)(2x - 3) = 0$$

Pour que le membre de gauche soit nul (ce qui est nécessaire, étant donné qu'on a affaire à une égalité avec zéro), l'un au moins des deux binômes doit être nul. Les valeurs de x qui annulent les binômes en question sont :

$$3x + 7 = 0 \qquad 2x - 3 = 0$$

$$3x = -7 \qquad 2x = 3$$

$$x = \frac{-7}{3} \qquad x = \frac{3}{2}$$

SOLUTION

Les valeurs cherchées sont $x = \frac{3}{2}$ et $x = \frac{-7}{3}$ ce qui fait que la piscine s'étend sur $\frac{7}{3}$ de mètre (2,33 m) dans le jardin de Paul (en supposant que sa maison se trouve à gauche de la frontière entre les deux jardins, ce qui correspond aux valeurs négatives) et $\frac{3}{2}$ de mètre 1,5 m) dans le jardin de Jeanne.

ALGÈBRE ARABE

Je me rappelle d'un cours annuel sur les Égyptiens, les Grecs et les Romains. Au début de l'année suivante, une brève mention fut faite d'« âges obscurs » avant de nous retrouver brusquement plongés en pleine Renaissance. C'était comme si nous étions passés sans transition de la chute de l'Empire romain (à la fin du Vᵉ siècle) à l'aube de la Renaissance, près de mille plus tard. Il s'avère au contraire que cette période fut riche en événements, le foyer de la connaissance s'étant déplacé à l'Est de Bagdad.

La Maison de la sagesse

En 529, la fermeture de l'Académie de Platon sonna le glas des mathématiques grecques. À partir de cette date, jusqu'au XIIIᵉ siècle, l'Orient devint le foyer des connaissances mathématiques.

La Maison de la sagesse de Bagdad fut fondée par Haroun al-Rachid (763–809), le cinquième calife de la dynastie abbasside, et son fils Al-Ma'mun. À cette époque, le monde arabe s'étendait de l'Espagne, à l'Ouest, aux frontières de l'Inde, à l'Est. Cette proximité avec l'Inde va s'avérer déterminante.

Concentrant d'abord son activité sur la traduction et la préservation de documents perses, grecs et indiens, la Maison de la sagesse devint un centre culturel et scientifique, jusqu'à sa destruction par les Mongols en 1258.

On sait peu de choses sur les mathématiciens persans, mais beaucoup furent d'importance.

Al-Khawarizmi fut l'un des fondateurs de la Maison de la sagesse (voir p. 86-87). Puis vint Al-Kindi (801-873), qui écrivit sur le système de numération indien. À peu près à la même époque, les trois frères Banu Musa se consacrèrent à la géométrie, à l'astronomie et à la mécanique.

Abu Kamil (850-930) poursuivit l'œuvre algébrique d'Al-Khawarizmi. Puis Ibrahim ibn Sinan (908-946) développa la théorie de l'intégration, faisant progresser la théorie archimédienne de l'exhaustion. Enfin, Al-Karaji (953-1029) fit faire à l'algèbre des progrès notables, lui donnant un caractère moins géométrique au profit d'une forme plus proche de ce que nous connaissons de nos jours.

Bien d'autres mathématiciens persans encore traduisirent des textes, commentèrent ou firent progresser la géométrie, la trigonométrie, la théorie des nombres, etc.

La numération arabe

L'un des progrès les plus marquants de l'époque fut l'adoption d'un système de numération en base dix à notation positionnelle, en d'autres termes un système comportant dix signes et dans lequel la place du signe détermine sa valeur.

Cela nous paraît familier? En effet, le système que nous utilisons de nos jours est un tel système. Lorsque nous écrivons le nombre 535, nous savons que les chiffres le constituant ont des valeurs différentes suivant leur position, le premier 5 concernant les centaines, le 3 les dizaines et le second 5 les unités. Comme nous l'avons déjà vu, les Égyptiens disposaient d'un système en base dix, mais non positionnel (ils utilisaient un signe différent pour chaque puissance de dix). Cela rendait des opérations comme la multiplication très difficiles (voir p. 70-71), et les chiffres romains étaient pires encore.

Le système arabe simplifie les calculs et facilite l'usage des décimales. Cela a de l'importance, car simplifier l'arithmétique permit aux mathématiciens de s'attaquer à des questions plus complexes.

Les chiffres arabes furent d'abord indiens. Un évêque chrétien vivant près de l'Euphrate décrivit leur usage dès 662, mais le plus ancien document conservé où ils apparaissent date du Xe siècle. L'*Algoritmi de numero indorum*, une traduction latine d'un texte d'Al-Khawarizmi, est souvent considéré comme le premier texte arabe traitant des chiffres indiens. Cela date l'adoption de ces derniers entre 790 et 840. Il est intéressant de remarquer que le mot « algorithme » vient du titre de ce texte. L'introduction des chiffres arabes en Europe est due à Gerbert d'Aurillac (940-1002), devenu le pape Sylvestre II, et, deux siècles plus tard, de manière moins confidentielle, à Fibonacci.

• Évolution des chiffres indo-arabes vers ceux en usage actuellement.

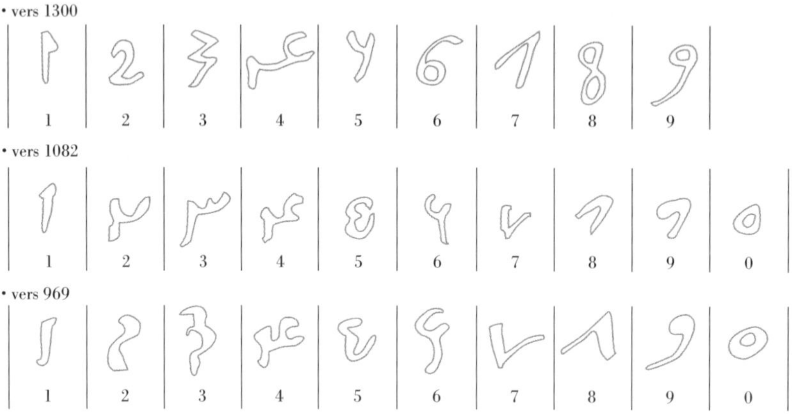

Exercice 13

Deux autres méthodes...

PROBLÈME

Jean et Christine, voisins, ont creusé une piscine parabolique commune dans leur jardin. L'équation de cette piscine est $6x^2 + 5x - 21 = d$, où d est sa profondeur et x sa longueur de part et d'autre de la frontière commune des deux jardins. Sur quelle distance la piscine s'étend-elle chez chacun d'eux ?

MÉTHODE

Ce problème laisse une impression de déjà-vu, mais n'en est pas moins entièrement différent de celui traité p. 80-81... Non, bien sûr, il s'agit du même problème. Les équations du second degré et les paraboles (c'est-à-dire le graphe correspondant à ces équations) sont des entités importantes. On les rencontre, par exemple, dans le calcul de certaines orbites, des câbles d'un pont suspendu ou même du réflecteur d'un projecteur.
La résolution des équations du second degré peut s'effectuer de bien des manières différentes. Comme expliqué quelques pages plus haut, la meilleure façon d'illustrer des techniques différentes est de faire usage d'un seul et même exemple que l'on traitera suivant chaque technique.

Première méthode

Étape 1. Multiplions le premier et le dernier nombre du membre de gauche :

$$6x^2 + 5x - 21 = d$$

$$\searrow \quad \swarrow$$

$$-126$$

Étape 2. Trouvons un couple de nombres dont le produit est −126 et dont la somme est le nombre du milieu (le 5) :

$$-126$$

$$\swarrow \quad \searrow$$

$$14 \quad -9$$

Étape 3. Écrivons deux binômes en utilisant le coefficient (ici 6) pour les facteurs de x et pour le dénominateur, et le couple trouvé pour les termes constants :

$$\frac{(6x + 14)(6x - 9)}{6}$$

Étape 4. Faisons sortir les facteurs communs des binômes :

$$\left(\frac{2 \cdot 3}{6}\right)(3x + 7)(2x - 3)$$

Étape 5. Cela se simplifie en :

$$(3x + 7)(2x - 3)$$

Deuxième méthode

Étape 1. Multiplions le premier et le dernier nombre dans le membre de gauche :

$$6x^2 + 5x - 21 = d$$

$$\searrow \quad \swarrow$$

$$-126$$

Étape 2. Trouvons deux nombres dont le produit est −126, et dont la somme est 5 :

$$-126$$

$$\swarrow \quad \searrow$$

$$14 \quad -9$$

Étape 3. Écrivons les binômes à l'aide de ces deux nombres ; ignorons le coefficient 6 pour le moment :

$$(x + 14)(x - 9)$$

Étape 4. Additionnons le terme a (voir p. 80 ; dans le cas présent, c'est le coefficient de x^2, soit 6) au dénominateur :

$$\left(x + \frac{14}{6}\right)\left(x - \frac{9}{6}\right)$$

Étape 5. Simplifions notre fraction :

$$\left(x + \frac{7}{3}\right)\left(x - \frac{3}{2}\right)$$

Étape 6. Multiplions, dans chaque binôme, par le dénominateur de la fraction :

$$(3x + 7)(2x - 3)$$

Résolution des binômes

Il nous faut maintenant résoudre les binômes. Pour cela, nous annulerons l'équation à nouveau :

$$(3x + 7)(2x - 3) = 0$$

L'un des deux binômes au moins doit donc être nul. Les valeurs de x rendant l'un des binômes nul sont les suivantes :

$3x + 7 = 0$	$2x - 3 = 0$
$3x = -7$	$2x = 3$
$x = \frac{-7}{3}$	$x = \frac{3}{2}$

SOLUTION

Les valeurs cherchées sont $x = \frac{3}{2}$ et $x = \frac{-7}{3}$. En d'autres termes, la piscine s'étend sur $\frac{7}{3}$ de mètre (2,33 m) dans le jardin de Jean (en supposant que sa maison est du côté gauche – ou négatif – de la frontière entre les deux jardins) et sur $\frac{3}{2}$ de mètre (1,5 m) dans le jardin de Christine.

Portrait

Al-Khawarizmi

Comme en ce qui concerne Euclide, le Grec « père de la géométrie » et l'auteur des *Éléments*, l'un des plus fameux livre de l'histoire de l'humanité, on sait peu de chose d'Al-Khawarizmi. C'est pourtant de lui, aussi étonnant que cela puisse paraître, que dérivent ces mots si courants de nos jours que sont « algèbre » et « algorithme ».

Al-Khawarizmi ou, de son nom complet, Abu Ja'far Muhammad ibn Musa al-Khawarizmi, naquit en 780, mais on ne sait trop où. Certains suggèrent qu'il vient de Kharezm (Khwarezm), maintenant en Ouzbékistan, au Sud de la mer d'Aral et à l'Est de la Caspienne, mais d'autres pensent qu'il est né à Bagdad.
On est par contre certain qu'il travaillait à la Maison de la sagesse (voir p. 82-83), traduisant des textes grecs, indiens, etc., avec les frères Banu Musa. Ces traductions servirent à Al-Khawarizmi de base à l'édification des ses propres traités d'algèbre, de géométrie, d'astronomie et de géographie, parmi lesquels le *Kitab Surat Al-Ard* (833). Il s'agit d'une mise à jour de la *Géographie* de Ptolémée comportant les coordonnées de plus de 2400 villes et autres indications géographiques. Dans ce traité, Al-Khawarizmi rectifia la longueur de la Méditerranée, surestimée par Ptolémée, et ajouta des précisions concernant les régions de l'Est, mieux connues des Arabes de la dynastie abbasside que des Grecs. Il est également l'auteur de travaux moins importants sur l'astrolabe (un instrument dont se servent les astronomes, les astrologues et les navigateurs), sur les cadrans solaires et sur le calendrier juif. Nous allons commenter ci-dessous plus en détail ses deux principales œuvres.

L'origine du mot « algorithme »

La seconde œuvre en importance d'Al-Khawarizmi nous est parvenue dans une traduction en latin intitulée *Algoritmi de numero indorum*. Le mot « algorithme » est tiré du titre de cet ouvrage, titre faisant référence à une succession d'étapes ou d'instructions à suivre. C'est dans ce livre qu'Al-Khawarizmi introduisit le système de numération positionnel indien et le zéro comme marqueur de position, et ce, pour la première fois de l'histoire, pense-t-on. Beaucoup d'Occidentaux, sans doute, ne se soucient pas vraiment de connaître l'histoire des nombres qu'ils utilisent, jusqu'au jour où ils apprennent incidemment qu'ils sont — demi-vérité — d'origine arabe. C'est dire à quel point nous pouvons nous faire de fausses idées des choses du monde. Dans cet ouvrage, Al-Khawarizmi fournit également des méthodes de calcul, ainsi qu'un procédé pour extraire la racine carrée des nombres.

• **Al-Khawarizmi :** tous ceux qui s'intéressent aux mathématiques ou à leur histoire devraient connaître le nom de cette personnalité-clé de l'histoire de l'algèbre.

L'origine du mot «algèbre»

«al-jabr»

Hisab Al-Jabr w'Al-Muqabala est l'œuvre maîtresse d'Al-Khawarizmi. C'est de son titre qu'est tiré le mot «algèbre». Bien que certains savants regardent Diophante (voir p. 64-65) comme le «père de l'algèbre», d'autres sont d'avis que ce titre doit revenir à Al-Khawarizmi. La méthode d'Al-Khawarizmi pour résoudre les équations du premier et du second degré consistait à réduire d'abord ces équations à une forme parmi six possibles. Cette méthode permet d'esquiver de manière élégante la question des nombres négatifs. La façon dont Al-Khawarizmi groupe les éléments d'une équation du second degré ne manque pas d'intérêt: étant donné $ax^2 + bx + c = 0$, où a, b et c sont des nombres, ax^2 représente le carré, bx la racine et c le nombre. Les six formes reconnues par Al-Khawarizmi sont:

1) Carrés égaux aux racines, soit $ax^2 = bx$.

Ce serait le cas d'une équation comme $x^2 = 4x$ dont la solution est 4, ou encore $3x^2 = 7x$, laquelle admet pour solution $\frac{7}{3}$. Vu d'un peu plus près, cela ne présente aucune difficulté. Dans le second exemple, si nous divisons les deux membres par 3, nous obtenons $x^2 = \frac{7}{3}x$ et puisque x^2, soit $x \cdot x$, est à gauche et $\frac{7}{3}x$, soit $\frac{7}{3} \cdot x$, est à droite, il vient:

$$x \cdot x = \frac{7}{3} \cdot x$$

d'où il résulte que le premier x à gauche doit valoir $\frac{7}{3}$. On notera que la première valeur évidente de x n'est pas donnée, à savoir $x = 0$.

2) Carrés égaux aux nombres, soit $ax^2 = c$.

Bien que nous n'ayons pu trouver aucune référence explicitant la méthode d'Al-Khawarizmi, une approche simple consisterait à isoler x en divisant les deux membres de l'équation par a et à déterminer la racine carrée d'une manière ou d'une autre, par exemple par une méthode analogue à celle d'Archimède.

3) Racines égales à des nombres, soit $bx = c$.

(De telles équations ont été résolues p. 26-27.)

4) Carrés et racines égaux aux nombres, soit $ax^2 + bx = c$.

5) Carrés et nombres égaux aux racines, soit $ax^2 + c = bx$.

6) Racines et nombres égaux aux carrés, soit $bx + c = ax^2$.

Il a été dit, à propos des trois derniers exemples, qu'il s'agit là de « recettes de cuisine » pour la complétion du carré appliquées à des exemples particuliers. (La résolution des équations du second degré par complétion du carré a été traitée ici, p. 72-73 et p. 76-77.)

Exercice 14

La totale... au second degré

PROBLÈME

Deux voisins, Paul et Christian, ont creusé une piscine parabolique commune dans leur jardin. L'équation de cette piscine est $6x^2 + 5x - 21 = d$, où d est la distance au-dessous du sol (profondeur) et x le nombre de mètres de part et d'autre de la frontière commune des deux jardins. Sur quelle distance la piscine s'étend-elle chez chacun d'eux ?

MÉTHODE

Nous allons maintenant résoudre l'équation en utilisant la méthode générale. Les anciens Égyptiens, ayant dû résoudre toute sorte de problèmes comportant le calcul d'aires, les équations du second degré sont connues depuis cette époque.

Ce fut cependant avec les mathématiques orientales que les choses ont pris un aspect plus moderne. Comme nous l'avons déjà vu, Al-Khawarizmi résolvait les équations du second degré selon six procédés différents, suivant les cas. Sridhara fut l'un des premiers à proposer une formule générale pour résoudre de telles équations. Son procédé parvint en Europe, mais il n'était pas tout à fait identique à celui que nous utilisons aujourd'hui. Il fallut attendre quelques siècles avant que les mathématiciens européens, sous la conduite de Girolamo Cardano (voir p. 102-103), commencent à disposer d'un ensemble complet de solutions incluant les nombres complexes (voir p. 104-113). C'est en 1637, à la suite de la publication par René Descartes de son ouvrage *La géométrie*, que la formule fournissant les solutions de l'équation du second degré prit la forme que nous lui connaissons aujourd'hui.

Cette formule donne la solution générale de l'équation du second degré. Son usage ne présente aucune difficulté et les plus grosses erreurs que l'on peut faire en l'utilisant tendent à se réduire à de simples erreurs de calcul, plutôt qu'à des difficultés de compréhension.

Pour une présentation d'Al-Khawarizmi, voir p. 86-87.

La solution générale de l'équation du second degré est :

$$x = \frac{-b \pm \sqrt{b^2 - 4ac}}{2a}$$

où a, b et c sont les coefficients de l'équation $ax^2 + bx + c = 0$.

Ainsi, dans notre exemple, $a = 6$, $b = 5$ et $c = -21$ (ne pas oublier le signe négatif) ; après remplacement par ces valeurs, la formule devient :

$$x = \frac{-(5) \pm \sqrt{(5)^2 - 4(6)(-21)}}{2(6)}$$

$$x = \frac{-5 \pm \sqrt{25 + 504}}{12}$$

$$x = \frac{-5 \pm \sqrt{529}}{12}$$

$$x = \frac{-5 \pm 23}{12}$$

Calculons toutes les solutions :

$$x = \frac{-5 + 23}{12} \qquad x = \frac{-5 - 23}{12}$$

$$x = \frac{18}{12} \qquad x = \frac{-28}{12}$$

$$x = \frac{3}{2} \qquad x = \frac{-7}{3}$$

SOLUTION

Les valeurs cherchées sont $x = \frac{3}{2}$ et $x = \frac{-7}{3}$; la piscine s'étend sur $\frac{-7}{3}$ de mètre (2,33 m) dans le jardin de Paul (en supposant que sa maison est du côté gauche – ou négatif – de la frontière entre les deux jardins) et sur $\frac{3}{2}$ mètre (1,5 m) dans celui de Christian.

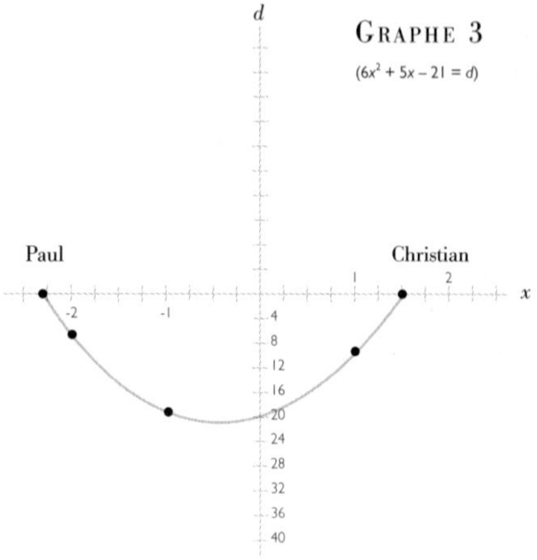

GRAPHE 3
($6x^2 + 5x - 21 = d$)

• Ceci est le graphe de la parabole décrivant la piscine de Paul et Christian. On notera que l'axe des valeurs de d a été rendu positif parce qu'il est plus simple et plus satisfaisant pour l'esprit de travailler avec des profondeurs positives qu'avec des hauteurs négatives.

Portrait

Omar Khayyam

Omar Khayyam est le premier mathématicien non européen parvenu à ma connaissance. Depuis, mon point de vue « eurocentrique » commença à changer (bien qu'à lire le présent ouvrage vous pouvez constater qu'il y a encore loin de la coupe aux lèvres...)

• Omar Khayyam : ce mathématicien persan a joué un rôle déterminant dans l'histoire de l'algèbre.

Omar Khayyam naquit à Nishapur, en Perse, le 18 mai 1048. À vingt-cinq ans, il avait déjà écrit plusieurs ouvrages de mathématiques importants.

En 1070, il vint s'installer à Samarkand (actuellement en Ouzbékistan), où il reçut l'aide d'Abu Tahir, un juriste éminent. Cela permit à Khayyam d'écrire son ouvrage le plus important, le *Traité sur l'algèbre* (1070). En 1073, Malik-Shah, sultan de la dynastie Seljuk, invita Khayyam à Ispahan, la capitale, pour fonder un observatoire. Il y séjourna pendant dix-huit ans. En 1092, après la mort de Malik-Shah, la région connut des troubles politiques jusqu'en 1118, lorsque Sanjar, son troisième fils, reprit le contrôle de la dynastie. Sanjar transféra alors la capitale à Merv et Khayyam, peu après 1118, s'y installa. À Merv, un nouveau centre de recherches fut créé. Khayyam y continua ses travaux mathématiques, jusqu'à sa mort, en 1112.

Œuvres majeures

Rubaïyat
*On connaît surtout Khayyam grâce à cette œuvre. Il s'agit d'un recueil de six cents quatrains (*rubaïyat *signifie* quatrains*).*

• Problèmes d'arithmetique
Livre traitant de l'algèbre et de la musique. À la demande de Malik-Shah, Khayyam édifia un observatoire à Ispahan et établit qu'un an avait 365,242 198 581 56 jours. Il est aussi l'auteur d'un nouveau calendrier, le calendrier dit Jalali.

• Commentaires sur le difficile postulat d'Euclide
Procédant à une analyse du postulat euclidien des parallèles, Khayyam fit une incursion dans la géométrie non-euclidienne. Certains, cependant, considèrent qu'il ne le fit pas intentionnellement.

• Problèmes d'algèbre
Dans son Traité sur l'algèbre *(1070), Khayyam fait référence à un autre de ses ouvrages, aujourd'hui perdu, dans lequel il traitait de ce qui fut appelé plus tard le triangle de Pascal* *(voir p. 130-131 et 134-135)**.*

LES CONIQUES

Les coniques sont le chapitre des mathématiques qui traite des figures obtenues en coupant un cône par un plan: le cercle, l'ellipse, la parabole et l'hyperbole. Ces formes sont présentes partout. Pour ce qui est du cercle, le cas est évident: on ne peut guère imaginer l'industrie automobile se passer de pneus circulaires. La trajectoire de la Terre autour du Soleil est une ellipse. La parabole est illustrée par celle utilisée pour recevoir la télévision par satellite. Quant à l'hyperbole, on peut la voir dans l'ombre projetée sur un mur par un abat-jour.

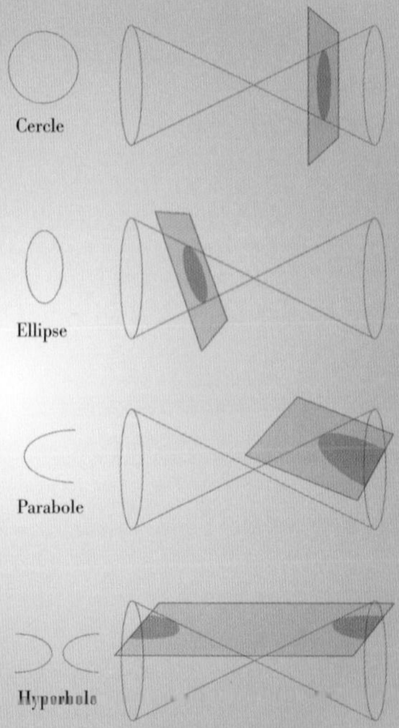

Les problèmes de l'algèbre

Le Traité sur l'algèbre (1070) est l'ouvrage mathématique le plus important d'Omar Khayyam. Il y expose les grandes lignes d'une classification complète des équations du troisième degré dont les solutions s'obtiennent en déterminant les intersections de deux coniques (voir pour les coniques l'encart ci-dessus). On notera avec intérêt qu'il ne trouva qu'une ou peut-être deux des trois solutions, le procédé employé étant entièrement géométrique. Khayyam avait l'espoir que des solutions arithmétiques seraient tôt ou tard trouvées. Cet espoir se concrétisa de nombreux siècles plus tard dans les travaux des mathématiciens italiens.

> «La plupart des gens qui imitent les philosophes confondent le vrai et le faux, ne faisant que tromper et simuler un savoir. Ils ne font pas usage de leurs connaissances scientifiques, sinon pour des tâches basses et matérielles.»

Omar Khayyam, dans le *Traité sur l'algèbre*

Chapitre

4

La filière italienne

Alors que le foyer de la recherche mathématique se déplaçait vers l'Ouest, les mathématiciens italiens jouèrent un rôle crucial dans son avancement, d'abord en le transférant en Europe, puis en y contribuant pendant la Renaissance. Dans ce chapitre, nous ferons connaissance avec des sujets aussi beaux et créatifs que les suites de Fibonacci, nous redécouvrirons le nombre d'or et pénétrerons dans le monde étrange des nombres complexes.

Portrait

Fibonacci 1re PARTIE

Bien qu'Archimède, Gauss et Newton soient généralement considérés comme « les trois grands », deux autres mathématiciens sont plus accessibles et plus attrayants, à savoir Pascal, avec qui nous ferons plus ample connaissance dans le prochain chapitre, et Fibonacci, dont nous pouvons observer la fameuse suite un peu partout autour de nous.

Le début de sa vie

Fibonacci, encore connu sous le nom de Leonardo Pisano, naquit à Pise en 1170. Bien que né en Italie, il fut éduqué en Afrique du Nord. Son père, Guilielmo, était diplomate de la république de Pise et représentait les marchands qui commerçaient dans un port de la future Algérie.

Ayant grandi dans ce qui devait devenir une part de l'empire islamique, il eut accès à un système de numération bien supérieur à celui utilisé en Europe à cette époque. Il fut témoin de la chute de la dynastie abbasside. An-Nasir, alors trente-quatrième calife abbasside de 1108 à 1225, est considéré comme le dernier grand calife de cette dynastie. À cette époque, l'Espagne et le Portugal furent conquis par les Chrétiens. La dynastie abbasside prit fin en 1258 à la suite du sac de Bagdad.

Fibonacci voyagea beaucoup jusqu'en 1200, date à laquelle il retourna à Pise, où il écrivit plusieurs ouvrages, parmi lesquels *Liber abaci* (1202), *Practica geometriae* (1220), *Flos* (1225) et *Liber quadratorum* (1225), ainsi que divers autres textes, maintenant perdus. Fibonacci mourut en 1250 à Pise. De nos jours, on peut voir sa statue dans le cimetière situé près de la tour de Pise.

Practica geometriae et *Flos*

Practica geometriae (1220) est un recueil de problèmes de géométrie en huit chapitres fondé sur les travaux d'Euclide. On y trouve aussi une méthode utilisant les triangles semblables pour déterminer la hauteur des objets (voir p. 38). Le livre *Flos* est consacré à la résolution d'une équation du troisième degré déjà résolue par Omar Khayyam (voir p. 90-91). Bien que la solution soit irrationnelle, Fibonacci réussit à la calculer jusqu'à la neuvième décimale.

Liber quadratorum

Ce traité est regardé par certains comme le meilleur qu'ait produit Fibonacci, bien qu'il ne soit pas aussi connu que *Liber abaci*. Il s'agit d'un travail mathématique sur la théorie des nombres, donc assez peu tourné vers la pratique, mais fascinant par ailleurs.

Dans cet ouvrage, Fibonacci s'intéresse notamment aux carrés des nombres (voir p. 16) et note qu'ils sont la somme de nombres impairs. Autrement dit :

$1 = 1$ (le nombre un est le carré de un)

$1 + 3 = 4$ (quatre est le carré de deux)

$1 + 3 + 5 = 9$ (neuf est le carré de trois), etc.

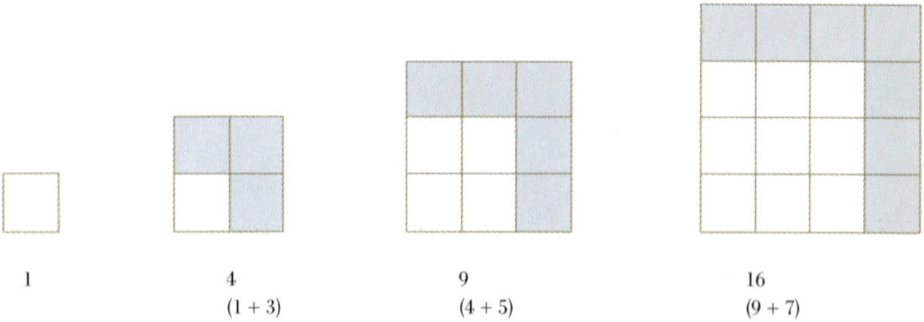

• **Les quatre premiers carrés. L'observation confirme l'idée de Fibonacci comme quoi les carrés sont sommes de nombres impairs.**

La représentation graphique ci-dessus montre que cela est vrai pour les premiers carrés, mais on aimerait démontrer que cela est vrai de tout carré. Étant donné un grand carré de côté n, on peut le compléter en un autre de côté $(n + 1)$ par ajout de petits carrés unité sur le côté droit, sur celui du haut et dans le coin supérieur droit. Ces petits carrés sont au nombre de $2n + 1$, nombre nécessairement impair. Il en résulte que pour passer d'un carré de côté n à un carré de côté $n + 1$, il faut ajouter $n + n + 1 = 2n + 1$. D'où :

$$n^2 + 2n + 1 = (n + 1)^2$$

On peut résoudre cette équation en développant $(n + 1)^2$. La partie importante est l'addition de $2n + 1$ à n^2. Étant donné que n peut être n'importe quel nombre naturel, $2n$ est pair (comme multiple de deux) et $2n + 1$ est impair. Si nous commençons avec $n = 1$ (le premier carré), il résulte de la formule que nous obtiendrons tous les nombres impairs successifs à mesure que n croît.

Fibonacci indique un moyen de trouver les triplets pythagoriques (voir p. 45). Pour ce faire, on commence par prendre n'importe quel carré de côté impair comme côté le plus court d'un triangle rectangle. L'autre côté de l'angle droit de ce dernier sera la somme de tous les entiers impairs jusqu'au nombre impair choisi comme longueur du premier côté. Le triplet pythagorique est obtenu en faisant la somme de ces deux nombres.

Par exemple, avec 25 pour premier côté, la somme des entiers impairs inférieurs à 25 vaut 144. En ajoutant 25 à 144, on obtient 169, ce qui s'écrit aussi avec des carrés :

$$25 + 144 = 169 \text{ ou } 5^2 + 12^2 = 13^2$$

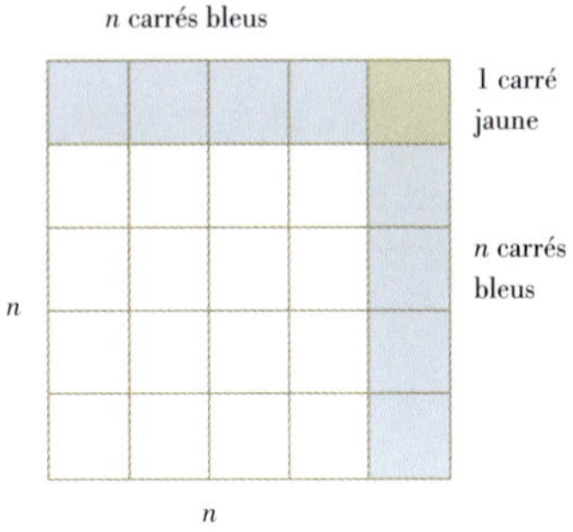

• **Une formule est démontrée si elle est toujours vraie. Bien que n soit ici matérialisé par quatre carrés, n représente n'importe quel entier naturel. L'emploi d'une variable, ici n, généralise la solution.**

TRACÉ DES PARABOLES

Poursuivant notre travail avec les binômes du second degré, nous nous intéresserons à la représentation graphique correspondante, la parabole. Dans la vie de tous les jours, nous avons affaire à des paraboles, telle la trajectoire d'un projectile (en faisant abstraction de la résistance de l'air), ou une antenne de réception de la télévision par satellite.

Le tracé des paraboles

La forme la plus simple de la fonction binôme est $y = x^2$. On peut tracer le graphe de cette fonction en substituant à x des valeurs qui fourniront celle de y correspondante. Pour $x = -2$, y vaut 4, en d'autres termes, $(-2)^2$, soit $-2 \cdot -2$ (graphe 4, ci-dessous).

À partir du sommet de la parabole, nous progressons d'une unité à gauche et à droite, puis d'une unité en hauteur pour obtenir deux nouveaux points sur le graphe. Nous recommençons l'opération, mais en augmentant x de deux unités et y de 4 unités vers le haut, ce qui fournit deux nouveaux points. Nous pouvons continuer ainsi indéfiniment, par exemple en utlisant une table des carrés.

Il est relativement facile de déplacer une parabole sur une feuille de papier millimétré. Reprenons l'exemple de la parabole simple, $y = x^2$, ainsi que les deux autres paraboles : $y = x^2 + 3$ et $y = x^2 - 3$. Si nous avions fait une table des valeurs pour ces trois fonctions, nous aurions remarqué que « + 3 » et « − 3 » ne font qu'augmenter et diminuer la valeur de y et, par conséquent, déplacer la parabole respectivement vers le haut et vers le bas. Cela signifie que sur le graphe de $y = x^2 \pm q$,

Graphe 4

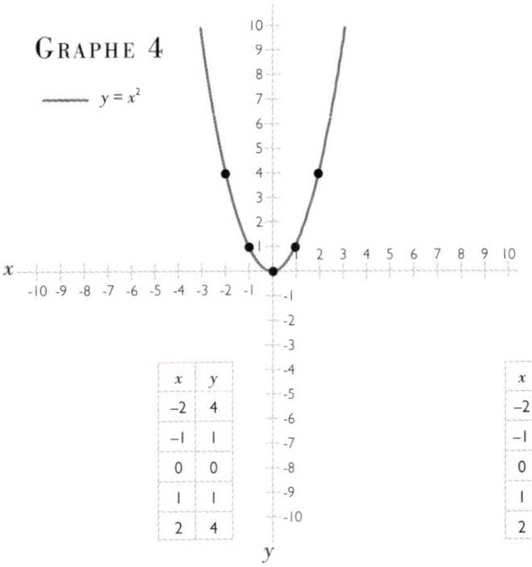

x	y
−2	4
−1	1
0	0
1	1
2	4

Graphe 5

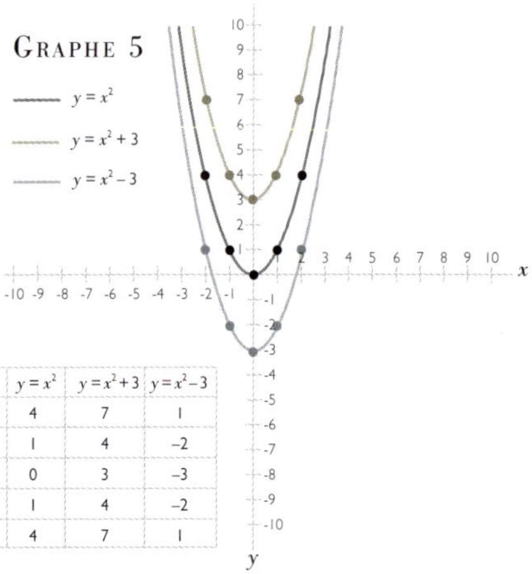

x	$y = x^2$	$y = x^2 + 3$	$y = x^2 - 3$
−2	4	7	1
−1	1	4	−2
0	0	3	−3
1	1	4	−2
2	4	7	1

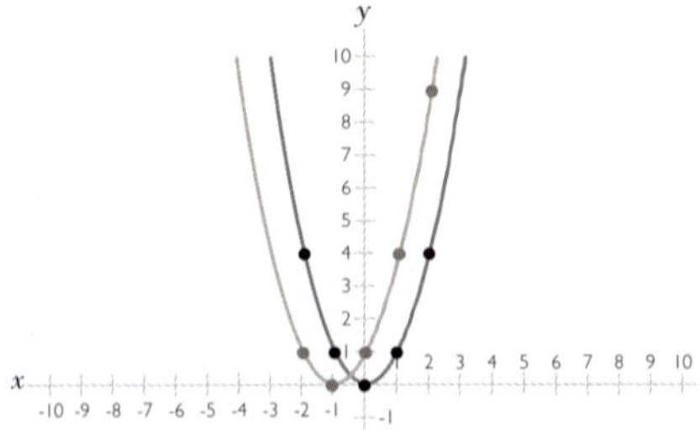

$y = x^2$		$y = (x + 1)^2$	
x	y	x	y
−2	4	−2	1
−1	1	−1	0
0	0	0	1
1	1	1	4
2	4	2	9

GRAPHE 6

—— $y = x^2$

—— $y = (x + 1)^2$

la quantité q ne fait que déplacer la parabole verticalement (graphe 5). Déplacer le graphe horizontalement est un peu plus compliqué. Reprenant la parabole simple $y = x^2$, on y parviendra en ajoutant ou soustrayant des nombres à l'intérieur du carré. Par exemple, le graphe 6 (ci-dessus) est le graphe de la parabole simple $y = x^2$, et celui de $y = (x + 1)^2$, après déplacement vers la gauche. Si nous soustrayons une valeur à l'intérieur de la parenthèse, nous

GRAPHE 7

—— $y = x^2$

—— $y = (x - 1)^2$

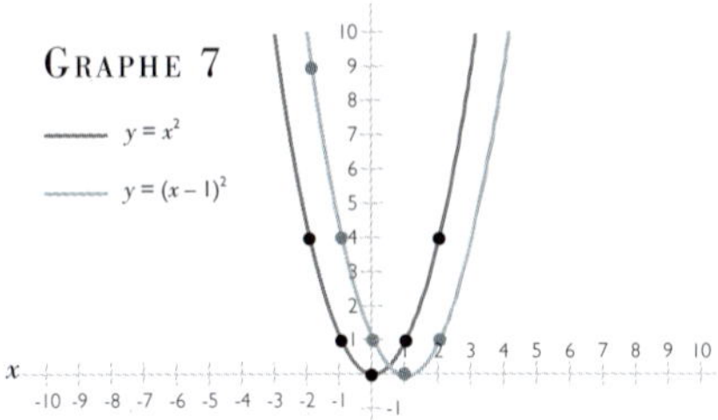

$y = x^2$		$y = (x - 1)^2$	
x	y	x	y
−2	4	−2	9
−1	1	−1	4
0	0	0	1
1	1	1	0
2	4	2	1

obtenons par exemple, le graphe 7, celui de $y = (x - 1)^2$, où l'on observe un décalage vers la droite, si bien que pour une équation de la forme $y = (x \pm p)^2$, p, suivant les valeurs qu'on lui donne, déplace la parabole vers la gauche ou vers la droite.

Ici, se pose la question suivante : pourquoi q opère-t-il ainsi, alors que p opère à l'opposé ? En d'autres termes, pourquoi une valeur positive de q déplace-t-elle le graphe dans une direction positive (vers le haut), alors qu'une valeur positive de p le déplace négativement (vers la gauche), et vice versa ?

De manière surprenante, la réponse ne fait aucune difficulté : cela a seulement à voir avec la manière dont nous écrivons nos équations. À vrai dire, une équation de la forme $y = x^2 - q$ devrait s'écrire $y + q = x^2$, mais il se trouve que nous préférons l'écrire sous la forme « $y = \dots$ ». Toutefois, il n'y a là qu'une simple question de commodité qui n'a rien de vital… Cela admis, tracer le graphe d'une fonction se présentant sous la forme $y = (x \pm p)^2 \pm q$ est assez simple. Ce tracé est rendu encore plus aisé du fait que p et q n'ont pas d'effet l'un sur l'autre : q gouverne les mouvements verticaux et rien d'autre, et p, de manière analogue, les mouvements horizontaux. Il suffit de se rappeler qu'une valeur positive de q entraîne un mouvement vers le haut, alors qu'une valeur positive de p entraîne un déplacement horizontal vers la gauche (valeurs négatives).

Fibonacci 2e PARTIE

Le *Liber abaci* est le traité le plus connu de Fibonacci. Écrit en 1202, c'est à cet ouvrage que les mathématiques doivent leur Renaissance. C'est également en grande partie grâce à lui que les nombres indo-arabes furent introduits en Europe. La pratique de l'arithmétique en fut grandement facilitée.

La numération moderne

Le système de numération indo-arabe a une longue et riche histoire. Sa beauté réside dans le fait qu'il s'agit d'un système positionnel en base dix rendant les calculs plus aisés. Il a son origine en Inde où, au VIIe siècle, Brahmagupta introduisit le concept de zéro comme nombre, non plus seulement comme marqueur de position.
Ces idées ont voyagé vers l'Occident à travers l'empire musulman, notamment par l'intermédiaire d'Al-Khawarizmi au début du IXe siècle, puis de Fibonacci. Bien que le *Liber abaci* ne soit pas le premier texte où l'on fait usage des nombres indo-arabes en Europe, il fut le premier à susciter l'intérêt. Cela est sans doute dû à sa présentation pratique et à la conviction avec laquelle Fibonacci l'exposa. La première partie de l'ouvrage concerne l'arithmétique indo-arabe et la seconde traite de problèmes utiles aux marchands.

La suite de Fibonacci

Dans la troisième partie du livre, un problème où il est question de lapins servit d'introduction à ce que nous dénommons maintenant la suite de Fibonacci. L'histoire est la suivante. Un homme possède deux lapins (un mâle et une femelle). Au bout d'un mois, ils peuvent se reproduire. La femelle devenue gravide, il faut un mois pour qu'elle mette bas. À chaque fois, elle donne naissance à un mâle et à une femelle. Combien y aura-t-il de paires de lapins à la fin de chaque mois ?
Initialement, l'homme ne possède que deux lapins. Un mois s'étant écoulé, il n'a toujours qu'une seule paire de lapins, mais ceux-là sont à même de se reproduire. Au début du troisième mois, il a deux paires de lapins : ceux du début et ceux nouvellement nés. Les premiers continuent à se reproduire chaque mois, alors

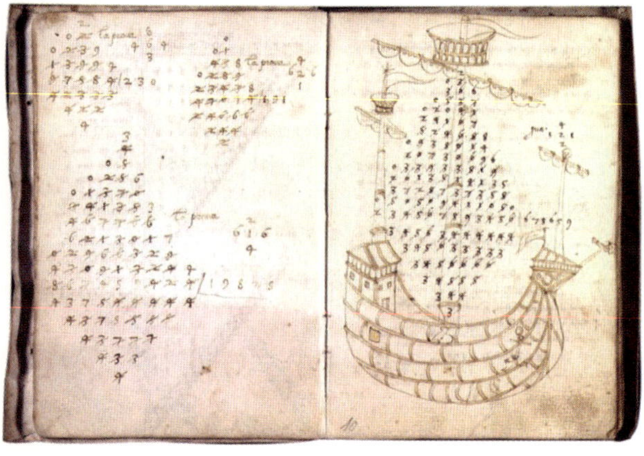

• Bien que le *Liber abaci* soit connu pour l'introduction des nombres indo-arabes, il s'adressait aussi aux marchands, traitant des aspects financiers du commerce.

que les seconds doivent attendre un mois avant d'être féconds. Au début du quatrième mois, il possède trois paires de lapins : la paire initiale, la première génération (devenue féconde) et une nouvelle paire. Au début du cinquième mois, l'homme possède cinq paires de lapins, car deux paires peuvent se reproduire.
Mathématiquement parlant, la formule pour trouver les nombres d'une suite de Fibonacci est $f_{n+2} = f_{n+1} + f_n$ ce qui peut sembler étrange, mais signifie seulement que le nouveau nombre de Fibonacci, (f_{n+2}), est la somme des deux précédents. Les premiers termes de la suite sont : 1, 1, 2, 3, 5, 8, 13, 21, 34, 55, 89, etc.

• La suite de Fibonacci s'observe un peu partout dans la nature. Par exemple, ci-dessous, on dénombre vingt et un pétales de marguerite.

LA SUITE DE FIBONACCI DANS LA NATURE

Les nombres de Fibonacci sont très fréquents dans la nature, tel le nombre des pétales de bien des fleurs. En voici quelques exemples :

3 pétales : lys, iris.

5 pétales : bouton d'or, églantier, dauphinelle (pied d'alouette), ancolie.

8 pétales : dauphinelles.

13 pétales: marguerite, jacobée (herbe de Saint-Jacques), marguerite dorée, cinéraires.

21 pétales : marguerites, rudbeckia, chicorée sauvage.

34 pétales : marguerites, plantain, pyrèthres.

55, 89 pétales : aster amelle, famille des Astéracées.

LE NOMBRE D'OR

Certains nombres ne sont rien moins qu'attrayants. Nous avons déjà évoqué le nombre π, bien d'autres nombres ont des propriétés remarquables. Nous allons présenter ici le nombre phi (φ), l'un des plus beaux et des plus fascinants.

Le nombre d'or

Le nombre d'or, phi (φ), vaut $\frac{1+\sqrt{5}}{2}$.
Cela peut paraître un peu étrange, mais, comme tous les nombres magiques de ce type, il tend à surgir un peu partout. Certains prétendent que son apparition çà et là relève de la coïncidence et que le simple fait de le chercher le fait surgir. Hum… n'est-ce pas là le propos d'un rabat-joie ?
À l'instar de π, φ est un nombre irrationnel, ce qui veut dire que si l'on tente de l'écrire sous forme décimale, on n'épuisera jamais les décimales nécessaires à l'exprimer exactement. Il vaut approximativement 1,618033989.
C'est là que l'affaire devient intéressante ; nous avons calculé les valeurs des nombres de Fibonacci et si nous divisons l'un par son prédécesseur immédiat, le résultat s'approche du nombre d'or :

f_n	f_n / f_{n-1}
1	[non défini]
1	1
2	2
3	1,5
5	1,666667
8	1,6
13…	1,625…

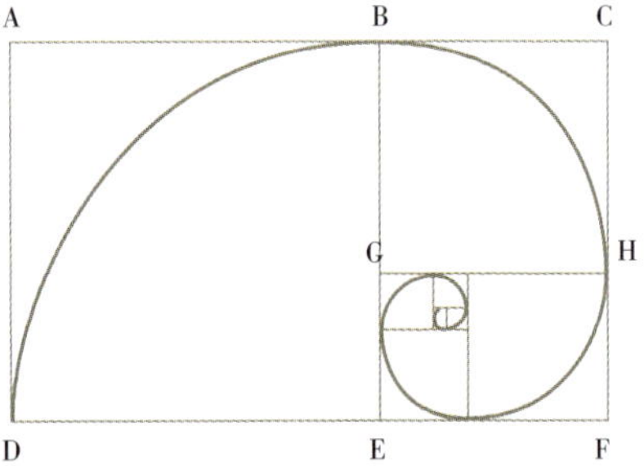

• Le rectangle ci-dessus (ACFD) est un « rectangle d'or ». Le quotient AC/CF vaut φ. Si nous retirons le carré ABED, un nouveau rectangle est formé (BCFE), qui est aussi un rectangle d'or. Si non supprimons le carré BCHG, on en trouve encore un autre (GHFE), etc. Une spirale tracée, comme ci-dessus, d'un coin au coin opposé dans chaque carré s'appelle une spirale d'or.

À la recherche du nombre d'or

Le recours à la suite de Fibonacci n'est qu'une méthode parmi d'autres pour calculer la valeur de φ. Le nombre d'or peut aussi s'exprimer à l'aide d'une fraction continue :

$$1+\cfrac{1}{1+\cfrac{1}{1+\cfrac{1}{1+\cfrac{1}{\ddots}}}}$$

La convergence vers φ se constate en calculant des débuts de fractions de plus en plus grandes.

1er terme = 1

2e terme = 1 + 1 = 2

$$3^{e}\text{ terme} = 1 + \frac{1}{1+1} = 1 + \frac{1}{2} = 1{,}5$$

Le calcul s'avère plus aisé quand on a noté que le dénominateur est constitué par le terme précédent. Le quatrième terme est donc :

$$1 + \frac{1}{3^{e}\text{ terme}} = 1 + \frac{1}{1{,}5} = 1{,}6$$

En continuant ainsi, on constaterait à nouveau la convergence vers le nombre d'or. La même conclusion vaut lorsque φ est exprimé sous la forme :

$$\varphi = \sqrt{1 + \sqrt{1 + \sqrt{1 + \sqrt{1 + \ldots}}}}$$

Une autre propriété remarquable de φ est que son inverse ($\frac{1}{\varphi}$) vaut φ – 1.

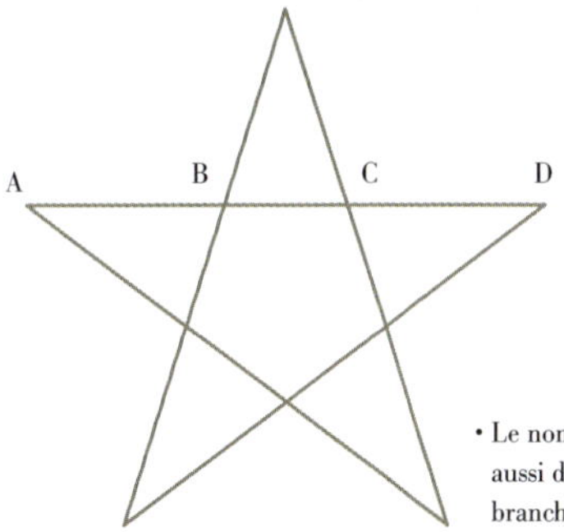

• Le nombre d'or apparaît aussi dans l'étoile à cinq branches.

• En supposant que l'« Homme de Vitruve » ait mesuré 1,83 m, son nombril devait se trouver à environ 1,12 m du sol (en effet, $\varphi \cdot 1{,}12 \approx 1{,}636 \cdot 1{,}12 \approx 1{,}83$).

Le nombre d'or dans notre vie

Le nombre d'or se trouve partout dans la nature. Dans le corps humain, à supposer que nous soyons tous parfaits, le nombre d'or se trouve dans notre taille divisée par la hauteur de notre nombril, dans le quotient de la longueur des phalanges et dans la distance entre le coude et le poignet divisée par la longueur de la main.

Le nombre d'or accompagne la suite de Fibonacci à chaque fois que cette dernière apparaît. La nature nous en réserve de nombreux exemples, ainsi que l'art et l'architecture.

Les proportions de la Joconde ou du Parthénon à Athènes en sont des exemples. Il se retrouve même dans les segments de l'étoile à cinq branches. Dans l'étoile ci-contre le quotient de certaines longueurs, $\frac{AD}{AC}$, $\frac{AC}{AB}$, et $\frac{AB}{BC}$ par exemple, est égal au nombre d'or.

Portrait

Tartaglia et Cardan

Laissons s'écouler rapidement deux siècles et demi; l'équation du second degré est alors devenue un sujet éculé que les mathématiciens ont plus ou moins maîtrisé à mesure que les mathématiques progressaient. Vers 1500, en Italie, on en était aux équations du troisième degré. De nos jours, ces équations se retrouvent dans toutes sortes d'applications, en particulier celles où il est question de volumes.

Niccolo Tartaglia

Tartaglia naquit en 1499 ou 1500 à Brescia qui, à l'époque, faisait partie de la République de Venise. Son père était une sorte de coursier allant de ville en ville, une activité guère lucrative. Il fut assassiné alors que le jeune Tartaglia n'avait que six ans, ce qui plongea la famille dans la misère. Les choses ne firent alors qu'empirer : en 1512 les Français envahirent la ville et massacrèrent sa population. Tartaglia fut blessé à la mâchoire et au palais par un soldat français, raison pour laquelle il portait une grande barbe et avait des difficultés à parler. On peut donc dire qu'il eut une enfance difficile. Néanmoins ses compétences en mathématiques, permirent à sa mère de lui trouver un bienfaiteur et il put faire des études à Padoue. Avant de se fixer à Vérone pour enseigner les mathématiques en 1516, il revint brièvement à Brescia.
En 1534, il s'établit à Venise, là encore pour enseigner. Depuis cette date, jusqu'à sa mort en 1557, Tartaglia prit part à toutes sortes de défis avec d'autres mathématiciens italiens.

•Niccolo Tartaglia

Girolamo Cardano

Jérôme Cardan (Girolamo Cardano) est né à Pavie en 1501. Il était fils illégitime de Fazio Cardano et Chiara Micheria. Fazio, son père, était juriste, mais du fait de ses compétences en mathématiques il enseignait la géométrie à l'université de Pavie et à la Fondation Piatti, à Milan. Il avait aussi des échanges avec Léonard de Vinci à propos de problèmes de géométrie. Son premier travail consista à assister son père, mais il avait de l'ambition et finit par se disputer avec lui. Il s'inscrit à la faculté de médecine de Pavie et réussit ses études avec brio, mais il se fit beaucoup d'ennemis à cause de son comportement caustique. Docteur en médecine en 1525, il eut néanmoins du mal à se faire admettre à l'académie de médecine de Milan, à cause de son franc-parler, et dû patienter quatorze ans avant d'y être admis. Il se maria en 1531 et, pendant les quatorze ans qu'il attendit son admission, Cardan tenta de gagner sa vie comme médecin dans un petit village, jouant (dés, cartes, échecs) et faisant des conférences de mathématiques à la fondation Piatti, comme son père avant lui. En 1539, Cardan commença une correspondance avec Tartaglia et il passa le reste de sa vie en controverses avec tout le monde. Malheureusement, les mathématiques n'accaparèrent pas sa vie tout entière. En effet, son fils ainé fut accusé d'avoir tué sa propre femme et fut exécuté. Le cadet, lui, était joueur et pas du meilleur acabit, perdant la plus grande partie de ce qu'il possédait, ainsi que de grosses sommes empruntées à son père. Puis, en 1570, Cardan fut accusé d'hérésie pour avoir publié un horoscope de Jésus. Il fut jeté en prison où il séjourna pendant plusieurs mois sur la foi de diverses preuves et accusations, parmi lesquelles celles de son propre fils. Cardan mourut en 1576, après avoir été s'installer à Rome.

Tartaglia soumet le monde

On crédite Scipione del Ferro, mathématicien italien né à Bologne en 1465, d'avoir été le premier à résoudre des équations du troisième degré. Il fit mystère de ses procédés jusqu'en 1526, quand, sur son lit de mort, il les révéla à son élève Antonio Fior.

Fior se vanta de savoir résoudre des équations du troisième degré. Défiant Tartaglia, il en résulta un duel mathématique. Il fut décidé que chacun soumettrait à l'autre trente problèmes à résoudre dans un laps de temps déterminé. Le coup d'envoi fut donné par Fior qui proposa à Tartaglia trente équations de la forme $x^3 + ax = b$. Tartaglia, lui, savait résoudre des équations de la forme $x^3 + ax^2 = b$. Tout d'abord, il ne parvint pas à résoudre les équations données par Fior, mais, un beau matin, il eut une intuition et les résolut toutes en deux heures. Les problèmes posés par Tartaglia en retour furent plus variés et Fior perdit la compétition. C'est à cette époque que Cardan commença à s'intéresser aux équations du troisième degré et écrivit à Tartaglia pour lui demander sa méthode. Tartaglia refusa de la lui communiquer. Cela ne découragea pas Cardan qui se montra plus pressant. Après plusieurs lettres, il finit par persuader Tartaglia de lui dévoiler sa méthode, promettant qu'il ne la révélerait à personne d'autre et la conserverait sous forme codée.

Sur la base de cet accord, Cardan et son assistant Ferrari continuèrent leurs recherches sur les équations du troisième et quatrième degré. En 1543, Cardan découvrit que del Ferro avait été le premier à résoudre des équations du troisième degré et, de ce fait ne se sentit plus lié par le serment fait à Tartaglia. Il publia alors *Ars magna* en 1545, un traité renfermant des méthodes de résolution des équations du troisième degré dues à la fois à Tartaglia et à del Ferro, ainsi qu'à lui-même et à Ferrari.

Cela n'amusa pas vraiment Tartaglia qui publia sa version de l'histoire, assaisonnée de quelques attaques personnelles. Elles n'eurent pas l'impact recherché et la réputation de Cardan comme mathématicien de premier plan n'en fut guère entachée.

Le conflit atteignit son apogée lorsque Ferrari défia Tartaglia en lui proposant une confrontation publique. Tartaglia fut tout d'abord peu disposé à relever ce défi car battre un adversaire relativement peu connu ne lui apporterait guère de gloire, alors que perdre contre lui pouvait s'avérer très fâcheux. Il finit par accepter. Tartaglia partait grand favori, mais dès la fin du premier jour, la victoire paraissait acquise à Ferrari. Ne trouvant pas la force de combattre, Tartaglia disparut cette nuit là et son absence le lendemain donna la victoire à Ferrari.

NOMBRES IMAGINAIRES ET NOMBRES COMPLEXES

L'introduction de nouveaux ensembles de nombres a toujours été sujette à controverse. Pourtant, de nouveaux problèmes appellent souvent de nouvelles mathématiques, et donc la création de nouveaux types de nombres. Les imaginaires et les nombres complexes en sont un magnifique exemple. Avant de les introduire, nous reviendrons une fois de plus sur la genèse de notre système de numération.

Les nombres complexes, ont de nombreuses applications, par exemple dans le calcul des circuits en courant alternatif ou celui des champs électromagnétiques. De nos jours, ces nombres sont utilisés dans des domaines aussi variés que la mécanique quantique, les systèmes de contrôle et l'analyse du signal. Même les représentations des objets fractals nécessitent l'utilisation de ces nombres.

Controverse par le passé

À l'époque de Pythagore, on connaissait les entiers naturels (1, 2, 3, etc.), ainsi que les fractions positives ou nombres rationnels. La découverte des nombres irrationnels bouleversa les pythagoriciens. L'idée d'un nombre qui ne pouvait s'exprimer sous la forme d'une fraction paraissait subversive.

De nos jours, les irrationnels sont pour nous des entités mathématiques importantes : comment pourrions-nous sans eux résoudre l'équation $x^2 = 2$? Les Grecs finirent pas s'habituer à cette idée.

Le zéro fut la cause de bien des soucis, étant entendu que nous parlons là du nombre et non pas seulement du marqueur de position, qui fut sa seule fonction pendant longtemps.

Pour les Grecs, qui concevaient les mathématiques d'un point de vue exclusivement géométrique, zéro était absurde et inutile. Quand des nombres ou des variables représentaient des longueurs et les carrés des aires, zéro n'avait pas sa place. Qui se serait attaqué à un problème inexistant ? Lorsqu'une longueur est égale à zéro, il n'y a pas de droite ; si une aire est nulle, il n'y a pas d'objet. Il revint à Brahmagupta (voir p. 78-79) d'introduire le zéro dans les règles de l'arithmétique.

Les nombres négatifs suscitèrent les mêmes émois et, de fait, leur acceptation prit un peu plus de temps. Zéro présentait l'avantage d'avoir été d'abord un marqueur de position, ce qui n'était le cas d'aucun nombre négatif. Là encore, ce fut Brahmagupta qui tenta de les introduire. Une fois reconnus en Orient, les mathématiciens européens les regardaient encore avec suspicion au XVIe siècle, quand les mathématiciens italiens commencèrent à s'intéresser aux nombres complexes.

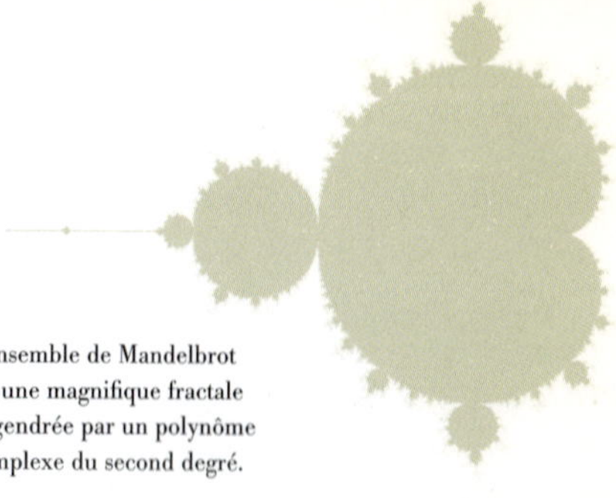

• L'ensemble de Mandelbrot est une magnifique fractale engendrée par un polynôme complexe du second degré.

Imaginaires et nombres complexes

Nous remarquerons que le qualificatif « imaginaire » est assez mal choisi pour le type de nombre en question. Il suggère que ces nombres n'existent pas, alors qu'ils existent bel et bien, se révélant même indispensables en mathématiques. Nous dénommons *nombre imaginaire* ou simplement *imaginaire* tout nombre ai, où i est l'entité $\sqrt{-1}$ que les mathématiciens notent i (et les ingénieurs plutôt j) et a un nombre ordinaire quelconque.

Les imaginaires nous aident à résoudre des équations d'apparence très simple, comme $x^2 + 1 = 0$. Dans le cas de $x^2 - 1 = 0$, l'équation se résout facilement en isolant x^2, obtenant alors $x^2 = 1$, d'où $x = \pm 1$. Pour $x^2 + 1 = 0$, la même manipulation mène à $x^2 = -1$. Se pose alors naturellement la question : quel nombre a pour carré un nombre négatif ? Aucun, à moins d'inventer un nouveau type de nombre. C'est ainsi que sont apparus les nombres imaginaires.

Si nous posons $i = \sqrt{-1}$ alors $i^2 = -1$ et la solution de l'équation $x^2 + 1 = 0$ est $x = \pm i$. La question sera reprise plus en détail p. 106-107.

Quant aux *nombres complexes*, on appelle ainsi la somme d'un nombre ordinaire et d'un nombre imaginaire, comme, par exemple, $3 + 4i$: ici la partie dite réelle est 3 et la partie imaginaire est $4i$.

UN PEU D'HISTOIRE

Tout comme le zéro et les nombres négatifs, les nombres complexes ont donné lieu à des controverses. Ils firent leur première apparition dans l'*Ars magna* de Cardan (voir p. 103). Ce dernier, s'attaquant à la résolution d'équations du troisième et du quatrième degré, rencontra la racine carrée d'un nombre négatif au beau milieu d'un calcul. Ignorant purement et simplement le fait qu'il s'agissait d'une situation impossible (ou « imaginaire »), il continua son calcul comme si de rien n'était et obtint au bout du compte une solution bien concrète.

Rafael Bombelli (voir p. 111) fut le premier à travailler explicitement avec des nombres complexes et écrivit des équations qui en contenaient dès 1572. On attribue parfois à René Descartes (voir p. 116-117), mathématicien du XVIIe siècle, l'expression « nombres imaginaires ». Deux siècles plus tard, Gauss (voir p. 144-145) introduisit le terme « nombres complexes ».

L'ARITHMÉTIQUE COMPLEXE

L'arithmétique des nombres complexes n'est pas si complexe que son nom le donne à penser. Tout ce qu'elle requiert est un système de coordonnées cartésiennes – en pratique du papier millimétré – et un peu de trigonométrie. Bien sûr, il est nécessaire d'accepter l'existence de nombres imaginaires, ce qui est plus facile lorsqu'on arrive à concevoir les nombres en les déconnectant du monde réel.

La droite des réels

Commençons par la droite (ou axe) des réels, cette vieille compagne du temps où nous apprenions à compter et à faire les opérations arithmétiques (addition, soustraction).

Imaginons une grenouille qui saute joyeusement le long de la droite. Si elle se trouve en 4, lorsque nous multiplions par – 1, elle sautera en –4. La grenouille ayant fait un demi-tour complet, l'angle du saut a été de 180°. Si ensuite nous multiplions par –1, nous nous retrouvons à nouveau en 4, ce qui fait, cette fois encore, un saut de 180°, soit au total 360°. Dans les deux cas, multiplier par –1 équivaut donc à un saut de 180°.

Ajoutons maintenant un nouvel axe à la figure. L'axe horizontal représente les nombres réels et l'axe vertical, les nombres imaginaires (voir l'illustration, p. 107). Puisque $i = \sqrt{-1}$, on peut se représenter i comme la « moitié » d'un signe négatif. Si nous plaçons à nouveau notre grenouille en 4 et multiplions par i, cela la propulse en $4i$: elle a fait un saut de 90°, la moitié de ce qu'elle fit lors de la multiplication par –1. Si, étant en $4i$, nous multiplions à nouveau par i, nous obtenons $4i^2$, soit –4. Si $i = \sqrt{-1}$, $i^2 = -1$ et $4i^2$ vaut –4. Cela représente un nouveau saut de 90°. Il en résulte que lorsque nous multiplions par –1, le saut est de 180°, et de 90° lorsque nous multiplions par i. Si la grenouille part de 4 et que l'on multiplie par i trois fois, soit i^3, le saut sera de 270° et s'achèvera en $-4i$ (deux des trois i multipliés fournissent –1, donc le signe négatif, et i reste).

• Multiplier par –1 fait faire à la grenouille un saut de 180°.

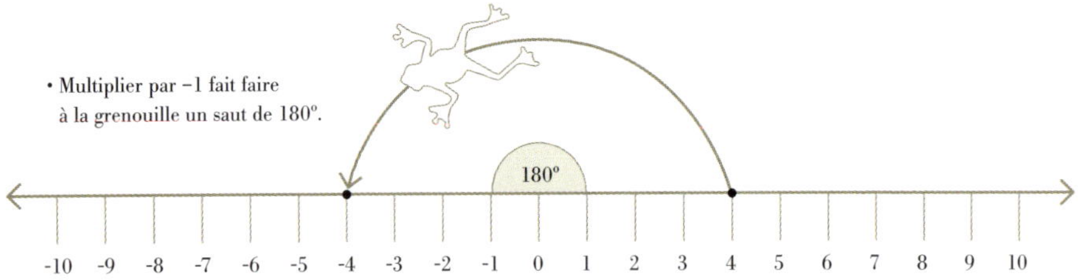

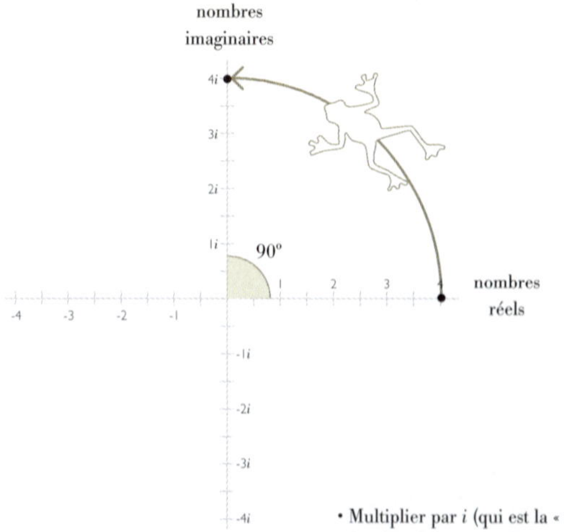

• Multiplier par i (qui est la « moitié » de −1) fait faire à la grenouille un saut de 90°.

Les nombres complexes

Les nombres complexes se présentent sous la forme de la somme d'une partie dite réelle et d'une partie imaginaire. On peut les représenter dans le *plan complexe* (ici matérialisé par le papier millimétré, l'axe réel et l'axe imaginaire). Par exemple, le nombre complexe $3 + 4i$ sera représenté par le point du plan situé à 4 unités au-dessus du 3 pris sur l'axe réel. On peut déterminer la longueur du segment limité par ce point et l'*origine des axes* (le point où les axes se croisent) à l'aide du théorème de Pythagore (voir p. 44-45) et l'angle que fait ce segment avec l'axe réel par la trigonométrie (voir p. 38-39). Le théorème de Pythagore s'écrit ici $a^2 + b^2 = c^2$, où $a = 3$ et $b = 4$, donc $3^2 + 4^2 = c^2$, soit $9 + 16 = c^2$ et il vient $25 = c^2$, d'où $c = 5$. On obtient ainsi la *valeur absolue* ou *module* du nombre complexe. L'angle, ou *argument*, s'obtient, lui, en prenant l'inverse de la tangente de $\frac{4}{3}$, soit $\tan^{-1}(\frac{4}{3}) = \theta \approx 53°$.

Multiplication par *i*

Nous avons déjà vu que multiplier par i équivaut à une rotation de 90°. Nous pouvons le démontrer en multipliant $3 + 4i$ par i. Lorsqu'on écrit $i(3 + 4i)$, le i pénètre la parenthèse pour donner $3i + 4i^2$. Comme $4i^2$ vaut −4, le nombre complexe résultant est $-4 + 3i$. Ce nombre est représenté par un point situé dans le quart supérieur gauche délimité par les axes dans le plan complexe. Le théorème de Pythagore montre que le module du nombre complexe obtenu vaut 5 et la trigonométrie fournit la valeur de l'angle fait avec la partie négative de l'axe réel. Cet angle vaut $\tan^{-1}(\frac{3}{4}) = \theta \approx 37°$. Nous constatons alors que l'angle formé par les nombres complexes $3 + 4i$ et $-4 + 3i$ vaut 90° : multiplier par i produit donc une rotation de 90°, mais reste sans effet sur le module. La section suivante sera consacrée à la multiplication et à l'addition des nombres complexes.

Addition

Pour additionner deux nombres complexes nous ajoutons les parties réelles aux parties réelles et les parties imaginaires aux parties imaginaires. Par exemple $(3 + 4i) + (2 + 5i) = 5 + 9i$. Nous pouvons tracer à partir de l'origine le segment associé à chaque nombre complexe. Le premier va jusqu'à 3 à droite, le second ajoute 2, la distance totale vers la droite vaut 5. Le premier segment atteint 4 sur l'axe imaginaire et le second ajoute 5, la distance verticale totale vaut 9.

Une autre méthode consiste à mettre à l'extrémité du premier le début du second, de sorte que l'on va d'abord à 3 à droite, puis à 4 verticalement. Ensuite, de ce point on ajoute deux à droite et cinq vers le haut, d'où au total 5 à droite et 9 sur l'axe imaginaire, vers le haut.

GRAPHE 8

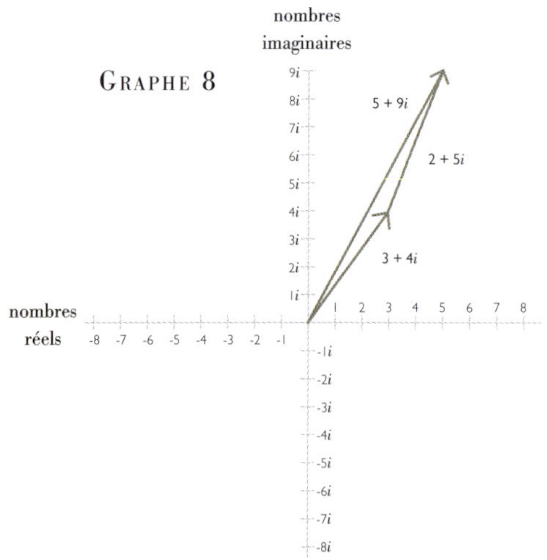

Multiplication

Elle est semblable à la multiplication des binômes (voir p. 34-35). En effet, les nombres complexes sont composés de deux nombres : une partie réelle et une partie imaginaire. À titre d'exemple, multiplions $3 + 4i$ par $2 + 5i$. Il vient :

$$\begin{aligned}(3 + 4i)(2+5i) &= 6 + 15i + 8i + 20i^2\\ &= 6 + 23i - 20\\ &= -14+23i\end{aligned}$$

(Sachant que $i^2 = -1$, $20i^2$ vaut $20(-1)$, soit -20.)

Cela peut aussi se faire graphiquement en traçant les deux nombres complexes et le nombre complexe résultant, comme nous allons le voir maintenant. Procédons par étapes.

Tracé du graphe de 3 + 4i

Le point correspondant à $3 + 4i$ est en face de 3 pris sur l'axe réel et de 4 pris sur l'axe imaginaire. Le théorème de Pythagore nous permet de trouver la valeur du module :

$$3^2 + 4^2 = c^2, \text{ alors}$$
$$9 + 16 = c^2, \text{ d'où}$$
$$25 = c^2 \text{ ou } c = 5.$$

L'angle, ou argument, se trouve, cette fois encore, à l'aide de la trigonométrie (voir p. 39) en prenant l'inverse de la tangente de $\frac{4}{3}$, soit:

$$\tan^{-1}\left(\frac{4}{3}\right) = \theta \approx 53{,}13°$$

Tracé du graphe de $2 + 5i$

Le point correspondant à $2 + 5i$ est en face de 2 pris sur l'axe réel et de 5 pris sur l'axe imaginaire. Le théorème de Pythagore nous permet de trouver que la longueur du segment est $\sqrt{29}$, soit approximativement :

$$2^2 + 5^2 = c^2, \text{ puis}$$
$$4 + 25 = c^2, \text{ puis}$$
$$29 = c^2 \text{ ou}$$
$$c = \sqrt{29}, \text{ d'où } c = 5{,}3852$$

L'angle se calcule en recourant à la trigonométrie (cf. p. 39), en prenant l'inverse de la tangente de $\frac{5}{2}$, d'où $\tan^{-1}(\frac{5}{2}) = \theta \approx 68{,}20°$.

Tracé du graphe de $-14 + 23i$

Le point correspondant à $-14 + 23i$ est en face de -14 pris sur l'axe réel et de 23 pris sur l'axe imaginaire. Le théorème de Pythagore nous permet de trouver que le module est $\sqrt{725}$. En effet :

$$(-14)^2 + 23^2 = c^2, \text{ puis}$$
$$196 + 529 = c^2, \text{ puis}$$
$$725 = c^2 \text{ ou}$$
$$c = \sqrt{725}, \text{ d'où } c = 26{,}926$$

L'angle se trouve en prenant l'inverse de la tangente de $\frac{23}{14}$, ce qui nous donne $\tan^{-1}(\frac{23}{14}) = \theta \approx 58{,}67°$.
Il s'agit là de l'angle entre la partie négative de l'axe réel et le segment. Pour trouver l'angle entre ce dernier et la partie positive de l'axe réel, il faut soustraire cet angle de 180°, d'où $180° - 58{,}67° = 121{,}33°$.

Synthèse

Le module du nombre complexe résultant, soit 26,926, est le produit du module de chacun des deux nombres complexes multipliés. L'argument (synonyme d'angle) (121,33°) est la somme de leurs arguments. En un mot, on multiplie les modules et on additionne les arguments. Nous voyons celà graphiquement (voir graphe 9) : lorsqu'on multiplie deux nombres complexes, on multiplie leur module et additionne l'angle qu'ils font avec la partie positive de l'axe des nombres réels.

Nombre compl.	Module	Angle
$3 + 4i$	5	53,13°
$2 + 5i$	5,3852	68,20°
$-14 + 23i$	26,926	121,33°

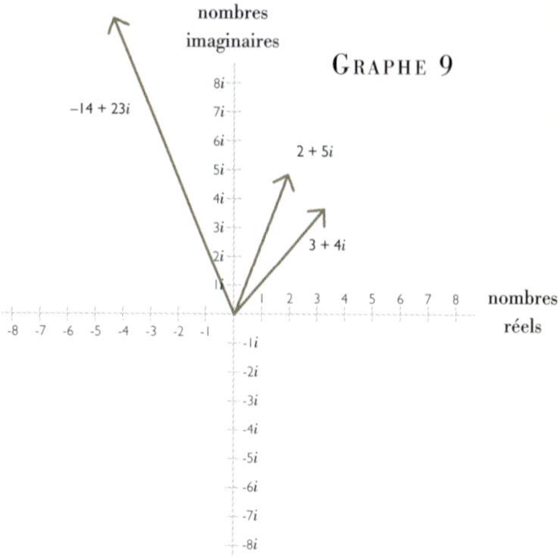

GRAPHE 9

CONJUGUÉS

On appelle *conjugué* d'un nombre complexe le nombre complexe obtenu en changeant le signe de sa partie imaginaire. Par exemple, $3 + 4i$ est le conjugué de $3 - 4i$. L'utilité de la notion réside, entre autres, dans le fait qu'en multipliant un nombre complexe par son conjugué, le nombre résultant n'a pas de composante imaginaire.

Considérons l'expression suivante :

$$(3 + 4i)(3 - 4i)$$

Après développement, il vient :

$$9 - 12i + 12i - 16i^2$$

Puisque $i^2 = -1$, le terme $-16i^2$ vaut $-16(-1)$, soit $+16$, et $-12i$ étant annulé par $12i$, il reste :

$$9 + 16 = 25.$$

GRAPHE 10

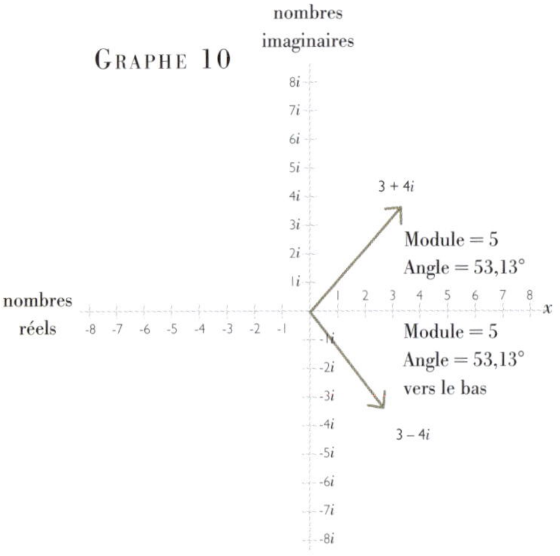

Lorsque nous multiplions entre eux des nombres complexes, nous multiplions leurs modules et nous ajoutons leurs angles respectifs (voir p. 108-109). En examinant le graphe 10, on voit que l'angle associé au premier nombre complexe vaut 53,13° au-dessus de la partie positive de l'axe réel et le second 53,13° en dessous. La somme de ces angles vaut zéro et correspond donc à un nombre réel.

Lorsque nous résolvons des équations polynômiales à coefficients réels, les solutions sont parfois des nombres complexes. Lorsque cela se produit, ces nombres sont obtenus par paires : un nombre et son conjugué.

Les conjugués à l'œuvre

La division des nombres complexes est un peu plus compliquée et requiert l'usage des conjugués. Effectuons par exemple la division $\frac{-8 + 3i}{3 + 2i}$. Nous multiplions d'abord haut et bas par le conjugué du dénominateur. En développant, nous obtenons une suite d'équations :

$$\frac{-8+3i}{3+2i} = \frac{-8+3}{3+2i} \cdot \frac{3-2i}{3-2i} = \frac{-24+16i+9i-6i^2}{9-6i+6i-4i^2} =$$

$$\frac{-24+25i+6}{9+4} = \frac{-18+25i}{13} = \frac{-18}{13} + \frac{25i}{13}$$

soit $\frac{-8+3}{3+2i} = \frac{-18}{13} + \frac{25i}{13}$

La division se représente graphiquement comme la multiplication, à cela près que nous divisons les modules et soustrayons les angles.

RAFAEL BOMBELLI

Rafael Bombelli naquit à Bologne en 1526. Sur les traces de Cardan et de Tartaglia, lui et Ferrari, l'assistant de Cardan, représentent la nouvelle génération de grands mathématiciens du nord de l'Italie, le foyer des mathématiques à cette époque.

Le père de Bombelli était marchand de laine, ce qui explique que Bombelli ne fit pas d'études universitaires. Il étudia néanmoins les mathématiques avec l'architecte et ingénieur Pier Francesco Clementi. Il travaillera à ses côtés en se consacrant à des projets de mise en valeur des terres. Mais en 1555, quand le projet sur lequel il était fut suspendu, il décida de rédiger un travail d'ensemble sur l'algèbre avec pour but de rendre le sujet accessible au plus grand nombre.

Il dut cependant reprendre son métier en 1560, avant d'avoir fini de rédiger son livre, lequel ne fut publié que douze ans plus tard. Toutefois, cela ne présenta pas que des inconvénients, car, séjournant à Rome pour travailler sur des projets d'ingénierie, ce fut pour lui l'occasion de prendre connaissance des travaux du grand mathématicien grec Diophante (voir p. 64-65). Bombelli entreprit alors de traduire l'*Arithmetica* de ce dernier. Bien que le travail ne fût jamais achevé, la fréquentation de Diophante eut sur sa conception de l'algèbre une influence marquante. L'*Algebra* de Bombelli parut enfin en trois parties, l'année de sa mort, en 1572. L'ouvrage renferme un certain nombre de problèmes qu'il a empruntés à Diophante. Il avait l'intention de publier deux parties supplémentaires concernant la géométrie, mais sa mort mit fin à ce projet. Ses manuscrits sont néanmoins parvenus jusqu'à nous.

Les travaux de Bombelli sont d'importance. D'abord, par l'aisance avec laquelle les nombres négatifs y sont traités, mais aussi pour l'établissement des règles de l'addition, de la soustraction et de la multiplication des nombres complexes.

ÉQUATIONS DU SECOND DEGRÉ ET NOMBRES COMPLEXES

Les polynômes du second degré sont très importants. En dehors du fait qu'ils expriment la force qui nous maintient au sol (gravité), ils sont utilisés dans les systèmes de contrôle dans tous les domaines.

Tout prend forme

Dans le troisième chapitre, les équations du second degré ont été résolues de plusieurs manières, en particulier à l'aide de la formule générale. Dans le présent chapitre, nous avons tracé le graphe de la parabole (p. 96) et introduit les nombres complexes (p. 104). Nous allons maintenant faire la synthèse. Lorsque l'on résout des équations polynomiales, ici du second degré, on cherche les valeurs de x qui annulent l'équation. À l'occasion de la représentation graphique, la variable y a été introduite pour construire les graphes.

Une équation à deux solutions

Pour commencer, prenons un binôme sans difficulté : un binôme à solutions entières positives, de ceux qui ont fait les délices des mathématiciens antiques. Étudions l'équation $0 = x^2 - 6x + 5$ de deux manières différentes : en construisant le graphe et en utilisant la formule générale. Avec cette dernière, nous obtenons successivement :

$$\frac{-b \pm \sqrt{b^2 - 4ac}}{2a}$$

$$\frac{-(-6) \pm \sqrt{(-6)^2 - 4(1)(5)}}{2(1)}$$

$$\frac{6 \pm \sqrt{36 - 20}}{2}$$

$$\frac{6 \pm \sqrt{16}}{2}$$

$$\frac{6 \pm 4}{2}$$

ce qui donne $\frac{(6+4)}{2} = \frac{10}{2} = 5$ et $\frac{(6-4)}{2} = \frac{2}{2} = 1$.

Ainsi, la solution de l'équation polynomiale $0 = x^2 - 6x + 5$ peut être trouvée en utilisant la formule générale. Ces solutions expriment aussi où le graphe de $y = x^2 - 6x + 5$ coupe l'axe des x.

Une équation à solution unique

Étudions maintenant $0 = x^2 - 6x + 9$. La formule générale donne successivement :

$$\frac{-b \pm \sqrt{b^2 - 4ac}}{2a}$$

$$\frac{-(-6) \pm \sqrt{(6)^2 - 4(1)(9)}}{2(1)}$$

$$\frac{6 \pm \sqrt{36-36}}{2}$$

$$\frac{6 \pm \sqrt{0}}{2}$$

$$\frac{6 \pm 0}{2}$$

ce qui fournit $\frac{(6+0)}{2} = \frac{6}{2} = 3$
et $\frac{(6-0)}{2} = \frac{6}{2} = 3$.

Ainsi, la solution de $0 = x^2 - 6x + 9$ peut être trouvée en utilisant la formule générale. Ces solutions expriment aussi où le graphe de $y = x^2 - 6x + 5$ coupe l'axe des x. Dans ce cas, il y a deux solutions égales : le graphe touche l'axe des x en deux points confondus.

Une équation à solutions complexes

Étudions $0 = x^2 - 6x + 13$. La formule générale donne successivement :

$$\frac{-b \pm \sqrt{b^2 - 4ac}}{2a}$$

$$\frac{-(-6) \pm \sqrt{(-6)^2 - 4(1)(13)}}{2(1)}$$

$$\frac{6 \pm \sqrt{36-52}}{2}$$

$$\frac{6 \pm \sqrt{-16}}{2}$$

$$\frac{6 \pm 4i}{2}$$

ce qui devient $\frac{6+4i}{2}$ ou $3 + 2i$
et $\frac{6-4i}{2}$ ou $3 - 2i$.

Ainsi, la solution de l'équation polynomiale peut encore être trouvée en utilisant la formule générale. Le graphe ne rencontrant pas l'axe des x, il n'y a pas de solution réelle, mais des solutions ayant une composante imaginaire. On remarque que les solutions $3 + 2i$ et $3 - 2i$ sont conjuguées.

Synthèse

Il y a, comme on va le voir maintenant, un lien entre l'équation, les solutions et le graphe. Lorsque la valeur du *discriminant* (la valeur de l'expression sous la racine) est positive, l'équation admet deux solutions réelles distinctes et la parabole coupe deux fois l'axe des x. Lorsque sa valeur est nulle, l'équation admet deux solutions égales et la parabole est tangente à l'axe des x. Enfin, lorsque le discriminant est négatif, les solutions sont des nombres complexes et la parabole ne rencontre nulle part l'axe des x (graphe 11).

GRAPHE 11

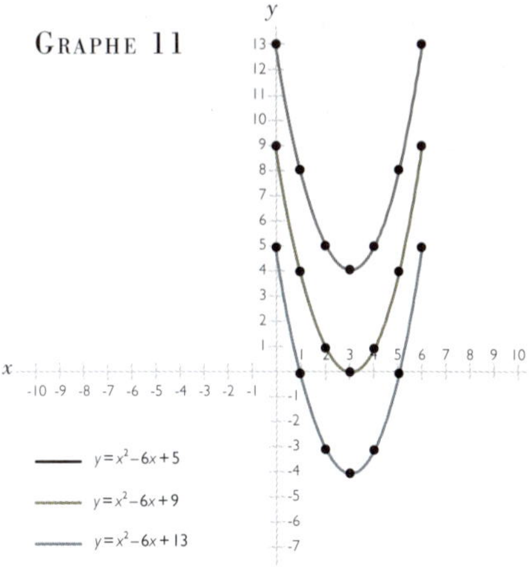

Chapitre

5

L'Europe après la Renaissance

Alors que la Renaissance se propageait depuis l'Italie, on assista à l'épanouissement des mathématiques en Europe. Pendant cette première partie de l'époque moderne apparurent quelques-uns des plus grands mathématiciens de tous les temps : Pascal, Descartes et Gauss. Dans ce chapitre, nous dresserons un portrait de ces génies et présenterons l'une des plus belles constructions mathématiques : le triangle de Pascal.

Portrait

René Descartes

On serait bien en peine de trouver la ville de La Haye sur la carte de la France actuelle. Ce fut cependant le nom d'une ville française. En 1802, son nom fut changé en La Haye-Descartes en l'honneur de René Descartes, puis, en 1967, ce nom fut réduit à Descartes. Il est déjà rare d'avoir une rue qui porte son nom, mais réussir à faire remplacer le nom d'une ville par le sien tient du prodige ! Ce genre d'honneur est habituellement réservé aux personnes de lignée royale ou aux conquérants, mais les mathématiciens n'ont qu'exceptionnellement une telle chance !

Descartes naquit, à La Haye (maintenant Descartes) en 1596. Sa mère mourut de tuberculose peu après sa naissance. À l'âge de huit ans, il fut mis au collège de la Flèche, chez les jésuites, où il resta jusqu'à l'âge de seize ans. À cette époque la santé du jeune René était chancelante et il lui était permis de rester au lit jusqu'en fin de matinée, une habitude qu'il garda par la suite. (Certains ont prétendu à ce propos que lorsqu'il mit fin à cette habitude, cela lui fut fatal ; voyez plus loin.) Il fut diplômé de droit de l'université de Poitiers en 1616. Peu après, il prit le métier des armes.
On rapporte que, se promenant dans les rues de Breda, aux Pays-Bas, il s'arrêta devant une affiche rédigée en hollandais et demanda à un passant de la lui traduire. Le hasard fit que la personne interrogée fut Isaac Beeckman, un philosophe et savant hollandais. Beeckman accepta de traduire cette affiche où était posé un problème de géométrie, à condition toutefois que Descartes s'engagea à résoudre ledit problème. Bien entendu, Descartes put résoudre le problème et commença ainsi une longue amitié. Au printemps 1621, alors qu'il était dans sa trente-cinquième année, Descartes quitta l'armée et voyagea dans toute l'Europe. Il se rendit en Bohème, en Hongrie, aux Pays-Bas, en Allemagne, en France, puis aux Pays-Bas à nouveau en 1628.

Descartes aux Pays-Bas

Ce fut aux Pays-Bas que Descartes produisit les travaux qui le rendirent célèbre, tant auprès des philosophes que des mathématiciens. Peu de temps après son arrivée dans ce pays, il entreprit la rédaction d'un ouvrage intitulé *Le Monde*, mais, après y avoir travaillé pendant de longues années, il décida de ne pas le publier. La raison en est qu'il avait entendu parler de l'arrestation de Galilée, en Italie, pour avoir osé s'opposer aux thèses de l'Église concernant l'Univers. Il rédigea ensuite son fameux *Discours*

« Le bon sens est la chose la mieux partagée : car chacun pense en être si bien pourvu, que ceux mêmes qui sont les plus difficiles à contenter en toute autre chose, n'ont point coutume d'en désirer plus qu'ils n'en ont. »

Discours de la méthode

de la méthode dont le titre complet est plus précisément *Discours de la méthode pour bien conduire sa raison et chercher la vérité dans les sciences*, lequel parut en 1637.

Le *Discours de la méthode*

Le cœur de l'ouvrage est constitué par les réflexions de Descartes sur la vérité. C'est dans ce livre que l'on trouve ce qui est probablement le plus fameux aphorisme philosophique : *Cogito ergo sum* (« Je pense, donc je suis »).
L'ouvrage contient trois appendices : *La dioptrique*, un essai sur l'optique, *Les météores*, un essai sur les phénomènes aériens et célestes, et *La Géométrie*, qui, comme son nom l'indique, est consacré à la géométrie.
La géométrie est la partie la plus importante du *Discours de la méthode*. C'est dans cet appendice que Descartes pose les fondements de la géométrie analytique. Ce texte a établi les bases de l'algèbre que nous utilisons et c'est ce qui fait que les étudiants peuvent lire aujourd'hui un livre d'algèbre sans rencontrer de difficulté sérieuse pour ce qui est des notations. Descartes y établit un lien entre la géométrie et l'algèbre qui nous semble maintenant aller de soi. C'est aussi de cet appendice que sont tirées les fameuses *coordonnées cartésiennes* ou, ce qui revient à peu près au même, le papier millimétré (l'adjectif « cartésien » se référant à Descartes, le nom d'une ville n'est donc pas la seule chose qui ait été nommée en l'honneur de ce grand savant et philosophe).

Se lever tôt peut tuer…

En 1649, la reine Christine de Suède persuada Descartes de venir à Stockholm pour qu'il lui dispense un enseignement qui devait avoir lieu tôt le matin. Perte d'immunité due au changement des habitudes de sommeil du savant ou simple coup de froid mal soigné, toujours est-il que Descartes attrapa une pneumonie qui devait s'avérer fatale. Il mourut le 11 février 1650, quelques mois seulement après son arrivée à Stockholm.

Autres œuvres

- **Méditations métaphysiques**
  Apporte un supplément au Discours de la méthode *en ce qui concerne l'esprit et le corps, la vérité et l'erreur, ainsi que l'existence.*
- **Principes de la philosophie**
  Dans cette œuvre, Descartes tente de fournir une représentation mathématique de l'univers.
- **Les Passions de l'âme**
  Dédié à la princesse Élisabeth de Bohème, ce livre traite des émotions.

LE GRAPHE DE LA DROITE

Le papier millimétré permet de relier la géométrie des fonctions, dans le cas présent la droite, et l'algèbre correspondante. Le mérite en revient à Descartes. En bref, un graphe fournit l'image d'une équation, et cette image permet de visualiser la signification des nombres. Les relations mathématiques les plus fréquentes sont linéaires, comme par exemple les prix des communications téléphoniques en fonction de leur durée, ou encore la distance parcourue à vitesse constante. C'est la raison pour laquelle on met tant l'accent sur ce type de fonction. Les fonctions linéaires peuvent prendre bien des formes et bien des équations peuvent représenter une droite. Voici trois de ces formes, parmi les plus habituelles.

Un point et la pente

Dans ce premier cas, nous allons fournir les données concernant la droite, puis trouver l'équation et le graphe correspondants. L'équation en « pente-point » est : $y - y_1 = m(x - x_1)$, où x_1 et y_1 représentent un point de la droite et m la pente de cette dernière. Prenons un exemple. Considérons une droite de pente $\frac{2}{3}$ passant par le point (3, 4). Nous voulons trouver son équation et son graphe.

Le point (3, 4) est représenté par x_1 et y_1 dans la formule, alors que m représente la pente, laquelle est $\frac{2}{3}$. L'équation est donc : $y - 4 = \frac{2}{3}(x - 3)$. Pour tracer le graphe, on porte le point sur le papier millimétré ; $\frac{2}{3}$ est la pente, laquelle représente l'élévation et le parcours de la droite, d'où $\frac{2}{3} = \frac{\text{élévation}}{\text{parcours}}$. À partir du point (3, 4), on s'élève de deux unités et avance de trois. Pour finir, la droite cherchée passe par les deux points trouvés (points noirs ci-dessous).

GRAPHE 12

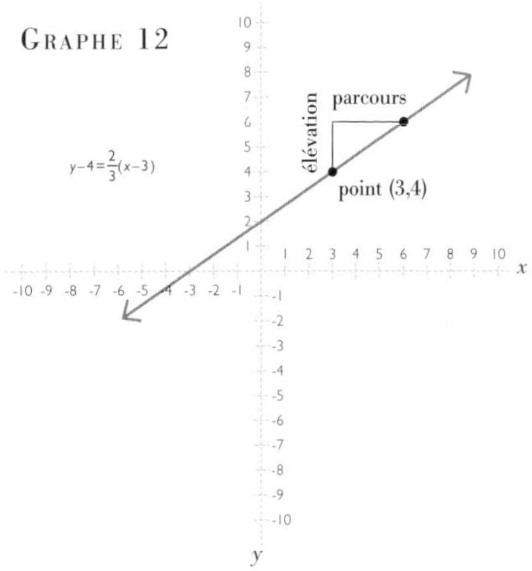

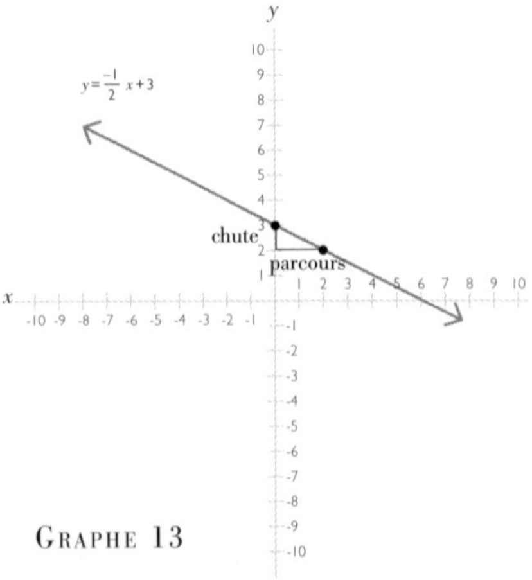

Graphe 13

Graphe 14

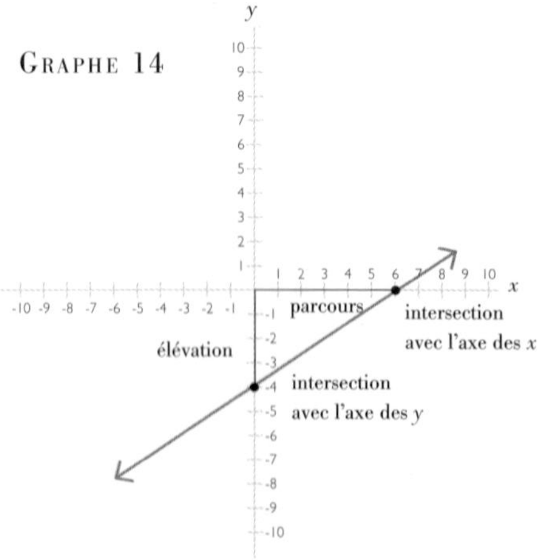

Pente, intersection avec l'axe des *y*

Dans ce cas, le graphe est donné et il faut trouver l'équation de la droite. Cette dernière est de la forme $y = mx + b$, où m est la pente et b l'intersection de la droite avec l'axe des y. Le graphe 13 étant donné, trouver m et b, puis trouver l'équation de la droite.

La droite coupe l'axe des y en 3, donc $b = 3$. À partir de cette intersection, on voit que la droite perd une unité (chute) pour en gagner deux à droite. Cela représente une pente de $\frac{-1}{2}$, il vient donc $m = \frac{-1}{2}$. L'équation cherchée est par conséquent : $y = \frac{-1}{2}x + 3$.

Forme canonique

Ici, l'équation est donnée. Grâce à elle, on peut aisément tracer le graphe de la fonction. La forme canonique d'une équation linéaire s'écrit $Ax + By = c$, où A, B et C sont des entiers, A étant positif (ces restrictions sur A, B et C sont arbitraires). À titre d'exemple, entreprenons de tracer le graphe de l'équation $2x - 3y = 12$.

Les informations sur les intersections avec les axes des x et des y passent souvent inaperçues, mais lorsqu'on a un point sur l'axe des y, on connaît avec certitude la valeur de son *abscisse* (la valeur de x pour ce point) : l'abscisse de tout point situé sur l'axe des y est nulle. Cette information est très utile. Si nous faisons $x = 0$ dans l'équation, on trouve un point sur l'axe des y. Ainsi, nous pouvons résoudre l'équation $-3y = 12$. En isolant y, nous obtenons $y = -4$, ce qui est l'*ordonnée* (la valeur de y pour le point en question) du point d'intersection de l'axe des y et du graphe de la fonction. On utilise le même procédé pour trouver le point d'intersection du graphe avec l'axe des x : l'équation prend la forme $2x = 12$, soit $x = 6$, ce qui est l'abscisse du point d'intersection.

Nous disposons maintenant de deux points sur la droite : nous pouvons donc la tracer effectivement et nous voyons aisément que sa pente vaut $\frac{4}{6}$, soit $\frac{2}{3}$.

Exercice 15

L'optimisation du profit

PROBLÈME

La fabrication de crosses de hockey et de maillets de croquet nécessite exécution et finition. Le temps d'exécution pour une crosse est de 40 minutes et celui de la finition de 15 minutes, respectivement de 20 minutes et de 30 minutes pour un maillet. Le nombre d'heures disponibles par semaine pour l'exécution est de 40 heures, de 30 heures pour la finition. Le profit pour une crosse est de 50 euros et de 35 euros pour un maillet. Combien de crosses et de maillets doit-on produire par semaine pour que le profit soit maximal ?

MÉTHODE

Pour procéder à une telle optimisation, on recourt à la *programmation linéaire*.

1re étape. On forme des équations pour représenter chaque aspect du problème. Pour le temps d'exécution, l'équation sera de la forme $\frac{2}{3}H + \frac{1}{3}C \leq 40$. Soit $\frac{2}{3}$ d'heure pour exécuter chaque crosse, plus $\frac{1}{3}$ d'heure pour chaque maillet. Le temps total d'exécution ne doit pas dépasser 40 heures de travail hebdomadaire. Pour le temps de finition, l'équation prend la forme $\frac{1}{4}H + \frac{1}{2}C \leq 30$. Soit $\frac{1}{4}$ d'heure pour finir chaque crosse, plus $\frac{1}{2}$ heure pour chaque maillet. Au total, la finition ne doit pas dépasser 30 heures de travail hebdomadaire. Concernant le profit, l'équation aura la forme : $profit = 50H + 35C$ (le profit est de 50 euros pour chaque crosse et de 35 euros pour chaque maillet).

2e étape. Pour tracer le graphe des équations représentant l'exécution et la finition, il nous faut mettre ces équations sous leur forme de base. Elles le sont presque, mais, malheureusement, contiennent des fractions. Cependant, si l'on multiplie par trois chaque terme dans

l'équation concernant l'exécution ($\frac{2}{3}H + \frac{1}{3}C \leq 40$) les fractions disparaissent (il faut multiplier les deux membres de l'équation par le même nombre afin que le résultat ne change pas). Il vient alors : $2H + 1C \leq 120$.
Si maintenant on multiplie par quatre chaque terme dans l'équation de la finition ($\frac{1}{4}H + \frac{1}{2}C \leq 30$), nous obtenons de la même manière $1H + 2C \leq 120$.

3e étape. Résolution des équations.
La droite d'équation $2H + 1C \leq 120$ coupe l'axe des H en 60 et celui des C en 120. Lorsque nous traçons le graphe de ces droites, nous déterminons une aire de valeurs acceptables pour H et pour C. Les seules valeurs acceptables sont celles qui se trouvent en dessous des deux droites. De plus, les valeurs acceptables seront situées au-dessus de l'axe des H et à droite de l'axe des C, car on ne produit pas un nombre négatif de crosses ou de maillets. L'ensemble des valeurs acceptables se trouve finalement délimité par un quadrilatère (figure à quatre côtés colorée sur le graphe 15).
Si l'on prend un point quelconque en dehors de ce quadrilatère, on s'aperçoit qu'il ne vérifie pas l'une ou l'autre des deux équations. Prenons par exemple le point (70, 10) et reportons les valeurs correspondantes dans l'équation d'exécution ($2H + 1C \leq 120$). On a alors $2(70) + 1(10) \leq 120$, ou $140 + 10 \leq 120$, soit $150 \leq 120$, ce qui est incorrect, mais la seconde équation est vérifiée.
Par contre, si l'on prend un point à l'intérieur du quadrilatère, par exemple (20, 40), les choses se passent bien.

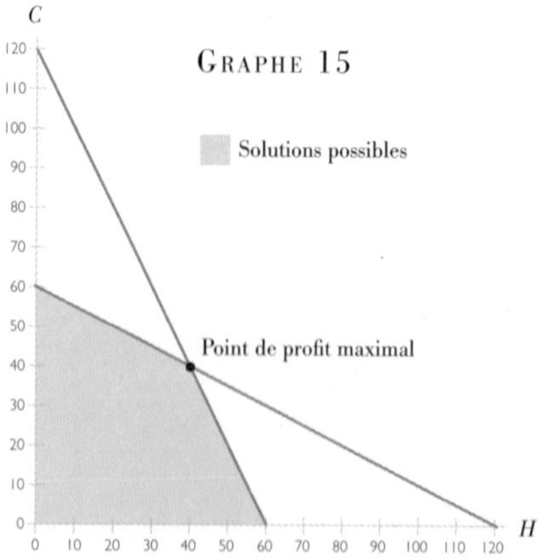

Pour la première équation, on a $2(20) + 1(40) \leq 120$, soit $80 \leq 120$, et pour l'autre $1(20) + 2(40) \leq 120$, soit $100 \leq 120$, ce qui est vrai dans les deux cas.

4e étape. Les points correspondant au profit maximal et au profit minimal se trouvent au sommet du quadrilatère. On voit sur le graphe qu'ils ont pour coordonnées (0, 0), (0, 60), (60, 0) et (40, 40). Nous en faisons usage dans l'équation donnant le profit ($profit = 50H + 35C$) afin de trouver le profit maximal.

SOLUTION

La plus grande valeur obtenue lorsque les quatre valeurs trouvées sont introduites dans l'équation est $50(40) + 35(40) =$ 3 400 euros. On doit donc produire quarante crosses de hockey et autant de maillets de croquet chaque semaine pour que le profit soit maximal.

Portrait

Blaise Pascal

À la différence de Descartes, aucun lieu ne porte le nom de Pascal, si ce n'est une rue à Paris et, sans doute, dans d'autres villes. Pascal peut néanmoins s'enorgueillir d'avoir une unité de mesure à son nom, le pascal (Pa), unité de pression.

Blaise Pascal est né à Clermont (aujourd'hui Clermont-Ferrand) en 1623. Son père, Étienne Pascal, était homme de science et mathématicien. À l'âge de trois ans, le destin lui ravit sa mère. Son père ne se remaria jamais. En 1632, la famille s'installa à Paris.
Étienne se fit le précepteur de son fils. Ayant pour ambition d'en faire un linguiste, il lui interdit d'étudier les mathématiques. Cela ne fit que piquer la curiosité du jeune Pascal, qui entreprit d'étudier par lui-même la discipline, établissant le théorème des angles dans un triangle. Lorsque son père s'en aperçut, il se radoucit et lui offrit un exemplaire des *Éléments* d'Euclide (voir p. 54-55).
Alors qu'il était à Paris, Étienne participait aux rencontres avec de grands mathématiciens organisées par le moine Marin Mersenne, un ami de Descartes.
À l'occasion de l'une de ces rencontres Blaise Pascal, encore adolescent, présenta ses premiers travaux mathématiques, consignés dans son *Essai sur les coniques* (1640).
À peine âgé de vingt ans, Pascal conçut et fabriqua une machine destinée à aider son père dans son travail. Son père devait en effet effectuer sans fin de nombreux et fastidieux calculs répétitifs. La « Pascaline » de son fils lui rendit la tâche plus aisée.
C'est aussi à cette époque que Pascal entreprit une série d'expériences sur la pression, d'où il déduisit l'existence du vide. Lorsqu'il publia ses *Nouvelles expériences sur le vide* en 1647, l'ouvrage donna lieu à une polémique entre savants. En fait, Descartes tomba en désaccord avec Pascal, à ce point qu'il écrivit que ce dernier avait « trop de vide dans la tête ».
En 1653, Pascal rédigea son *Traité sur l'équilibre des liquides*, dans lequel il établit ce qui est connu de nos jours comme la loi de Pascal sur la pression. Cette loi stipule que quand une pression est exercée sur un fluide non compressible, la pression se communique à l'ensemble du liquide et à son contenant. Cela est quelque chose de très utile, qu'on songe seulement aux freins des voitures où la pression exercée sur la pédale se transmet de manière égale aux quatre roues par l'intermédiaire du liquide de frein.
La même année, Pascal publia son *Traité sur le triangle arithmétique*. Bien qu'il soit loin d'avoir été le premier à l'étudier, ce triangle porte maintenant

son nom, du moins en Occident (voir p. 130-131 et 134-135).

Pascal et la foi

En 1651, alors que Pascal était âgé de vingt-huit ans, son père mourut. Pascal écrivit une lettre à sa sœur dans laquelle il expose ses pensées sur la mort. En 1654, il fut gravement accidenté. Cette confrontation avec la mort marqua un tournant dans sa vie et il devint dévot. Il commença à consigner ses pensées sur la foi chrétienne dans un ouvrage intitulé simplement *Pensées*. Il mourut en 1662, avant d'avoir pu terminer cet ouvrage. Ce dernier fut néanmoins publié inachevé en 1670, nous livrant l'une des plus remarquables synthèses entre les mathématiques, la philosophie et la religion sous la forme du fameux pari de Pascal. Plutôt que débattre de l'existence de Dieu, Pascal fournit un argument logique. Il soutient qu'il y a quatre conclusions possibles concernant l'existence ou la non existence de Dieu et le fait que l'on croie en Dieu ou non, comme cela apparaît dans le tableau ci-dessous. En bref, Pascal affirme que croire en vaut la peine, car l'on n'a rien à perdre et tout à gagner à le faire! Cela laisse cependant de nombreuses questions sans réponse, parmi lesquelles s'il est possible ou non de croire en Dieu simplement sur la base d'un argument relevant purement de la logique.

NOMBRES DE MERSENNE

Marin Mersenne (1588-1648) a donné son nom à un sous-ensemble de nombres premiers, à savoir ceux qui sont donnés par la formule $2^p - 1$, où p est un nombre premier. Cette formule n'est cependant pas exacte pour toutes les valeurs de p, autrement dit le résultat de $2^p - 1$ n'est pas toujours un nombre premier.
On trouve encore des premiers de Mersenne de nos jours. Ces nombres sont en grande partie une simple curiosité, sauf dans le domaine du cryptage des données où les grands nombres premiers jouent un rôle important. En voici quelques-uns:

Nombre premier	**Valeur de $2^p - 1$**	**Pemier ou non**
2	3	premier
3	7	premier
5	31	premier
7	127	premier
11	2 047	non premier
13	8 191	premier
17	131 071	premier
19	524 286	premier

	Dieu existe	**Dieu n'existe pas**
Vous avez la foi	vous gagnez la vie eternelle	vous ne perdez pas grand chose (une vie finie)
Vous n'avez pas la foi	vous ne perdez rien*	vous ne perdez rien

*Attention! Si Dieu existe et qu'il est vindicatif, cette opinion peut avoir les pires conséquences!

DISTRACTIONS FACTORIELLES…

5 ! De quoi peut-il donc s'agir ? Est-ce là une sorte d'emphase à propos du nombre 5 ? Eh bien, pas tout à fait : 5! est ce qu'on appelle une factorielle, en l'occurrence 5 • 4 • 3 • 2 • 1. Quoi que vous puissiez en penser, les mathématiques sont faites pour rendre la vie plus facile. La multiplication n'est qu'un procédé pour effectuer des additions multiples et une factorielle (notée $n!$) est un raccourci pour symboliser la multiplication des entiers de 1 à n.

Qu'est-ce qu'une factorielle ?

Par définition, la fonction factorielle vaut $n! = n(n-1)(n-2) \ldots (3)(2)(1)$. En bon français, $n!$ est le produit de n par tout les entiers qui le précèdent. Ainsi, $5! = 5 \cdot 4 \cdot 3 \cdot 2 \cdot 1 = 120$. On est amené, assez bizarrement, à admettre que $0! = 1$. L'usage des factorielles est assez aisé et toute calculatrice de poche offre cette fonction.

On rencontre surtout les factorielles dans le calcul des probabilités. Supposons par exemple qu'on soit amené à mettre en ligne cinq individus pour une confrontation policière derrière une glace sans tain. De combien de façons différentes les cinq individus peuvent-ils être alignés ? On peut tenter de faire cela à la main en réalisant toutes les combinaisons, mais le risque de se tromper n'est pas négligeable et cela prend beaucoup de temps. Les mathématiques permettent de trouver la solution bien plus rapidement !

Le policier a cinq choix possibles pour l'individu numéro un. Quatre pour le suivant, puis trois, enfin deux, ce dernier choix déterminant le numéro cinq. Ainsi, le nombre possible d'alignements est 5!, soit 5 • 4 • 3 • 2 • 1, donc 120.

L'usage des factorielles

On pourrait par exemple penser que simplifier l'expression $\frac{10!}{9!}$ présente des difficultés considérables, mais la réponse est simplement 10, et point n'est besoin d'une calculette pour y parvenir. La définition même de la factorielle fait disparaître le problème. Voici maintenant une manière différente d'écrire l'expression en question :

$$\frac{10!}{9!} = \frac{10 \cdot 9 \cdot 8 \cdot 7 \cdot 6 \cdot 5 \cdot 4 \cdot 3 \cdot 2 \cdot 1}{9 \cdot 8 \cdot 7 \cdot 6 \cdot 5 \cdot 4 \cdot 3 \cdot 2 \cdot 1}$$

Le résultat n'est pas très réjouissant à voir, mais on constate vite que la plupart des nombres figurant au numérateur se simplifient avec ceux du dénominateur :

$$\frac{10!}{9!} = \frac{10 \cdot \cancel{9} \cdot \cancel{8} \cdot \cancel{7} \cdot \cancel{6} \cdot \cancel{5} \cdot \cancel{4} \cdot \cancel{3} \cdot \cancel{2} \cdot \cancel{1}}{\cancel{9} \cdot \cancel{8} \cdot \cancel{7} \cdot \cancel{6} \cdot \cancel{5} \cdot \cancel{4} \cdot \cancel{3} \cdot \cancel{2} \cdot \cancel{1}} = 10$$

Cette approche peut se révéler très utile. Par exemple, si nous avons $\frac{8!}{6!}$ cela peut aussi s'écrire $\frac{8 \cdot 7 \cdot 6!}{6!}$, où 6!, commun au numérateur et au dénominateur, se simplifie, laissant $8 \cdot 7 = 56$.

Nous appellerons cela plaisamment « peler l'oignon » : cela permet un calcul imagé, simple et agréable des factorielles. Reprenant l'exemple précédent, 8! peut être regardé comme un oignon à huit couches, alors que 6!, toujours en terme d'oignon, en a six. Pour simplifier ces oignons, on s'arrange pour les faire apparaître à la fois au numérateur et au dénominateur.

Ainsi, doit-on retirer deux couches à l'oignon 8!, à savoir la huitième et la septième. Au numérateur, on a donc deux couches d'oignon (les couches huit et sept) et un oignon à six couches, lequel se simplifie avec l'oignon à six couches du dénominateur.

Cela s'avère utile lorsqu'on a à calculer une expression telle que $\frac{100!}{98!}$. La calculette n'est ici d'aucune utilité, car elle ne peut traiter un nombre aussi énorme que 100! Par chance, nous disposons de notre cerveau, aussi utilisons-le pour peler l'oignon :

$$\frac{100!}{98!} = \frac{100 \cdot 99 \cdot 98!}{98!} = 100 \cdot 99 = 9900$$

Voir p. 136-137 pour l'application des factorielles aux binômes.

Encore un dernier exemple, où, une fois de plus, nous pèlerons l'oignon :

$$\frac{16!}{14! \cdot 5!}$$

Pour simplifier, pelons le 16! pour faire apparaître un 14! :

$$\frac{16 \cdot 15 \cdot 14!}{14! \cdot 5!}$$

On simplifie en supprimant 14! au numérateur et au dénominateur :

$$\frac{16 \cdot 15}{5!}$$

Nous pouvons alors exprimer 5! comme une suite de multiplications:

$$\frac{16 \cdot 15}{5 \cdot 4 \cdot 3 \cdot 2 \cdot 1}$$

Au dénominateur, 5 fois 3 font 15 : une nouvelle simplification est possible:

$$\frac{16}{4 \cdot 2 \cdot 1}$$

En effectuant la multiplication au dénominateur, il vient :

$$\frac{16}{8} \quad \text{soit } 2$$

Et tout cela sans sortir la calculette.

ARRANGEMENTS, PERMUTATIONS ET COMBINAISONS

Tous les ans, au mois de janvier, lorsque les élèves reviennent des vacances de Noël, quelques-uns ont oublié la combinaison du cadenas de leur casier. Mathématiquement parlant, on ne devrait pas parler là de combinaison, mais de permutation, car il s'agit bien de cela. De tels cadenas, au lieu d'être qualifiés de cadenas à combinaison, devraient donc s'appeler des cadenas à permutation !

Arrangements et permutations

On nomme *arrangement* d'un sous-ensemble à r éléments d'un ensemble ordonné à n éléments, toute liste ordonnée de ces r éléments. Lorsque $r = n$, il s'agit de *permutation.*

À la finale du 100 m olympique, huit coureurs sont en lice. Sachant que seulement trois d'entre eux monteront sur le podium, combien y a-t-il de podiums possibles ?

Puisque nous sélectionnons trois éléments parmi huit possibles, ces trois éléments constituent un sous-ensemble d'un ensemble à huit éléments. Ce sous-ensemble est ordonné, puisque nous classons les vainqueurs suivant l'ordre d'arrivée.

Le nombre d'arrangements d'un sous-ensemble à r éléments dans un ensemble ordonné à n éléments se note A_n^r, où n est le nombre total d'éléments et r le nombre d'éléments arrangés.

Le nombre d'arrangements d'un sous-ensemble de r éléments parmi n (avec $n \geq r$) est donné par la formule :

$$A_n^r = \frac{n!}{(n-r)!}$$

Dans l'exemple traité, nous avons :

$$\frac{8!}{(8-3)!} = \frac{8!}{5!} = \frac{8 \cdot 7 \cdot 6 \cdot 5!}{5!} = 8 \cdot 7 \cdot 6 = 336$$

En réalité, même la plus simple des calculettes possède un bouton A_n^r, ce qui nous permettrait, au moins dans cet exemple simple, d'obtenir la réponse sans passer par ces calculs.

Une autre façon de trouver la réponse consiste à procéder comme à la p. 124. Combien de choix avons nous pour le gagnant ? Chaque participant pouvant gagner, la réponse est 8. Pour la seconde place, la réponse est 7 et 6 pour la troisième. La réponse s'obtient en multipliant ces nombres, soit 336.

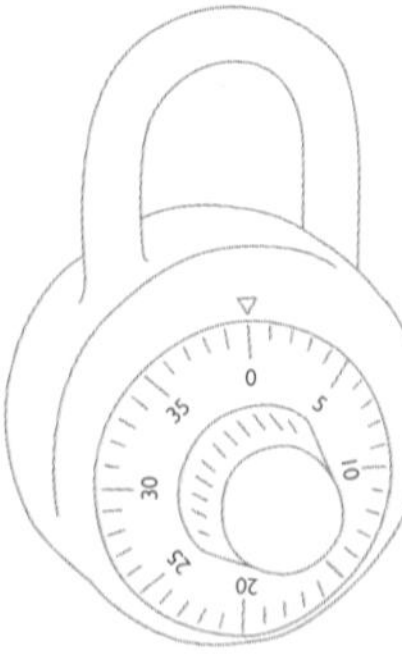

Combinaisons

Alors que le nombre d'arrangements A_n^r d'un sous-ensemble à r éléments est le nombre de façons d'énumérer dans un ordre donné ses éléments dans un ensemble à n éléments qui le contient, le nombre de *combinaisons* d'un ensemble à r éléments parmi n est le nombre de choix possibles de r éléments sans tenir compte de l'ordre des éléments. Ce nombre est noté C_n^r et est donné par :

$$C_n^r = \frac{n!}{(n-r)!r!}$$

Afin d'illustrer la différence entre les deux notions, modifions l'exemple donné à propos des arrangements. Lors de la qualification pour le 100 m, les trois premiers coureurs à passer la ligne d'arrivée sont sélectionnés pour l'épreuve suivante.

Parmi un ensemble de huit concurrents, calculer le nombre de groupes de trois coureurs possibles sélectionnés pour l'épreuve suivante. Cette fois, arriver premier, second ou troisième n'a pas d'importance. Le calcul donne :

$$C_n^r = \frac{8!}{(8-3)!3!} = \frac{8!}{5! \cdot 3!} = \frac{8 \cdot 7 \cdot 6 \cdot 5!}{5! \cdot 3!} = \frac{8 \cdot 7 \cdot 6}{3 \cdot 2 \cdot 1} = 56$$

Alors qu'il y avait 336 arrangements possibles pour les médaillés, il n'y a que 56 combinaisons possibles pour les groupes d'athlètes qui sortiront vainqueurs des épreuves de qualification.

On aura noté que l'ordre ne comptant pas, le nombre de combinaisons est plus faible que le nombre d'arrangements. En fait, cela est général, comme le montre la formule suivante, liant les permutations aux arrangements :

$$C_n^r = \frac{A_n^r}{r!}$$

Combiner ou permuter ?

Revenons à cette histoire de cadenas sur les casiers d'école. Nous avions prétendu que ces cadenas, au lieu de s'appeler « cadenas à combinaison », devraient s'appeler « cadenas à permutation ». Voyons maintenant pourquoi. Un tel cadenas demande à l'élève d'utiliser quelques nombres, trois par exemple, et ce, dans un certain ordre. Un cadenas qui a été réglé pour s'ouvrir avec les nombres 33, 21 et 45 pris dans cet ordre, ne s'ouvrira pas si l'on utilise 21, puis 33 et enfin 45. Puisqu'ici $r = n$ et que l'ordre importe, nous avons donc affaire à des permutations. Un puriste pourrait donc nous faire remarquer qu'il faudrait les nommer « cadenas à permutation », et non « cadenas à combinaison ».

Exercice 16

Jean, Yves, Élise et Noël

PROBLÈME

Quatre musiciens solistes, Jean, Yves, Élise et Noël repartent en tournée. Par le passé, il y eut quelques rivalités, aussi veulent-ils s'assurer que chacun d'eux ait les mêmes chances de succès lorsqu'il présente son morceau. Ils décident donc que leur ordre sur scène, de soir en soir, épuise toutes les possibilités. De combien de manières différentes peuvent-ils monter sur scène ?

MÉTHODE

Nous pourrions écrire toutes les configurations possibles :

Jean, Yves, Élise, Noël

Jean, Yves, Noël, Élise

Jean, Élise, Yves, Noël

Jean, Élise, Noël, Yves

Jean, Noël, Yves, Élise

Jean, Noël, Élise, Yves

et ainsi de suite.

Mais soyons réaliste : rien ne garantit que nous n'en oublions pas au passage. Du reste, nous n'avons examiné que le cas où Jean est le premier, et nous avons déjà six possibilités (il y a six ordres de passage possibles pour chacun des quatre, ce qui donne un total de 24).

Une autre façon d'aborder la question est de recourir à une sorte de principe fondamental du dénombrement, ce qui, malgré le nom impressionnant, recouvre quelque chose de fort simple. Si l'on a n possibilités de choisir un élément et m d'en choisir un autre, alors on a $n \cdot m$ possibilités de les choisir tous les deux. Par exemple, si l'on a cinq chemises et trois cravates, alors on a 15 ensembles chemise-cravate possibles ($5 \cdot 3 = 15$).

Nous pouvons appliquer le même principe aux quatre musiciens de l'orchestre. Il y a quatre possibilités pour que chacun d'eux passe le premier. Nous en avons ensuite trois pour le suivant (un de moins car l'un d'eux est déjà passé). Nous n'avons plus que deux possibilités pour le troisième (et une pour le dernier). Cela donne donc : $4 \cdot 3 \cdot 2 \cdot 1 = 24$.

Une dernière méthode consiste à utiliser les arrangements comme aux p. 126-127. Dans notre exemple, nous avons à arranger quatre personnes dans un groupe de quatre (il s'agit en fait d'une permutation), d'où :

$$A_4^4 = \frac{4!}{(4-4)!}$$

Pour plus d'informations sur les arrangements, voir p. 126-127.

Le dénominateur vaut 1, car nous savons que $0! = 1$ par convention (voir p. 124). En explicitant la factorielle au numérateur, nous écrivons :

$$A_4^4 = \frac{4 \cdot 3 \cdot 2 \cdot 1}{1} \quad \text{ou} \quad \frac{24}{1}$$

La réponse est donc simplement 24.

SOLUTION

Jean, Yves, Élise et Noël peuvent monter sur scène de vingt-quatre manières différentes. Reste à espérer, pour ménager tout à fait les susceptibilités, que le nombre de représentations sera un multiple de vingt-quatre…

• Il faudra attendre la 25e représentation pour voir Jean, Yves, Élise et Noël monter en scène à nouveau dans le même ordre.

1,2,3,4	3,1,2,4
1,2,4,3	3,1,4,2
1,3,2,4	3,2,1,4
1,3,4,2	3,2,4,1
1,4,2,3	3,4,1,2
1,4,3,2	3,4,2,1
2,1,3,4	4,1,2,3
2,1,4,3	4,1,3,2
2,3,1,4	4,2,1,3
2,3,4,1	4,2,3,1
2,4,1,3	4,3,1,2
2,4,3,1	4,3,2,1

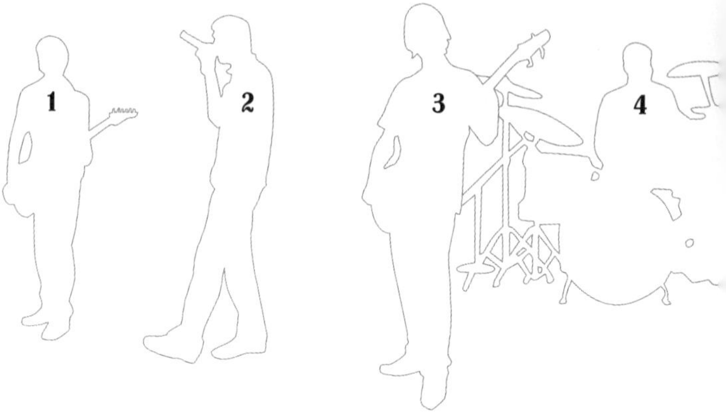

LE TRIANGLE DE PASCAL 1re partie

Le triangle de Pascal a de très nombreuses propriétés mathématiques, constituant une source d'étonnement inépuisable. Pascal n'a cependant pas découvert ce fameux triangle. Il était connu bien avant lui des Chinois, des Indiens et des Perses. Le fait que son nom soit resté attaché à Pascal témoigne du peu d'ouverture du monde occidental sur l'activité mathématique orientale.

Apparition du triangle de Pascal
Le triangle de Pascal est une construction très ancienne. Son rapport avec le développement du binôme (voir p. 34-35) le rendit utile très tôt et l'on peut trouver une construction pour ainsi dire identique dès le VIe siècle, chez le mathématicien indien Varahamihira. Dans la Perse du Xe siècle, Al-Karaji étudiait déjà le triangle de Pascal. Chez les Chinois, il y est fait référence au XIe siècle chez Jia Xian qui utilisait un triangle de Pascal à sept lignes. Et même en Europe, Petrus Apianus, un Allemand vivant au XVIe siècle, figure un triangle de Pascal en 1527 dans un ouvrage d'arithmétique.
La construction du triangle de Pascal ne présente aucune difficulté. On écrit le nombre 1, puis, en dessous, en diagonale, deux nouveaux 1. À mesure que l'on descend d'une ligne, des 1 sont écrits à l'extrême gauche et à l'extrême droite, les nombres à l'intérieur du triangle s'obtenant en ajoutant les deux nombres situés l'un, au-dessus, à gauche, l'autre, au-dessus, à droite.

Motifs dans le triangle de Pascal
À l'intérieur du triangle de Pascal, on trouve une merveilleuse architecture mathématique. Les diagonales externes renferment uniquement le nombre 1. La seconde diagonale est constituée de l'ensemble des entiers naturels, la troisième contient des nombres triangulaires et chaque deuxième nombre y est un nombre hexagonal. La quatrième diagonale est formée des nombres tétraédriques. On y trouve encore d'autres structures plus ou moins étranges, tels les « pentatopes » (de curieux tétraèdres quadridimensionnels) et des nombres de Catalan.

• La construction du triangle de Pascal ne présente aucune difficulté.

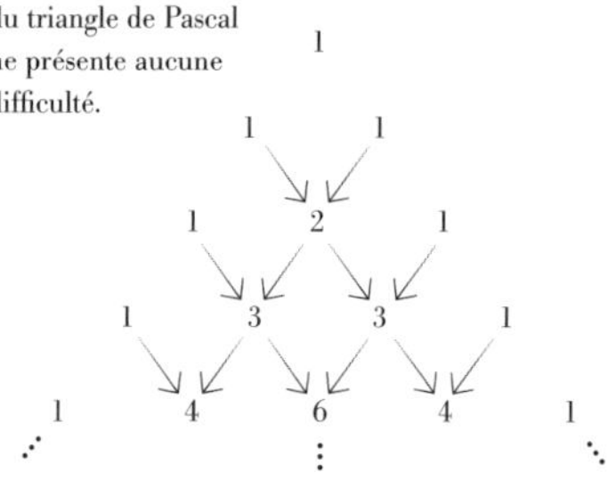

Puissances et triangle de Pascal

Le triangle de Pascal recèle d'autres propriétés, par exemple si l'on fait la somme des nombres d'une ligne. La somme de la première ligne vaut 1. La deuxième ligne donne 2, la troisième 4. La somme de la quatrième ligne vaut 8, celle de la cinquième vaut 16, etc. La somme des nombres dans toute ligne du triangle de Pascal est une puissance de 2 (voyez l'encart, à droite).

Ligne du triangle de Pascal	Somme des nombres	Puissance de deux
1	1	2^0
2	2	2^1
3	4	2^2
4	8	2^3
5	16	2^4
6	32	2^5

En même temps que des puissances de 2, le triangle de Pascal contient aussi les puissances de 11. Dans la première ligne, $1 = 11^0$ (n'importe quel nombre élevé à la puissance 0 vaut 1). La deuxième ligne peut être lue comme 11, ce qui est 11^1, alors que la ligne suivante peut être lue 121, ce qui n'est rien d'autre que 11^2. De là, il est facile de prédire que la valeur de 11^3 sera 1331, et que celle de 11^4 sera 14 641. Arrivé à la sixième ligne, les choses prennent un tournant inattendu et se compliquent : 11^5 vaut 161 051 et n'est plus fourni par la ligne correspondante du triangle de Pascal, du moins pas directement. En effet, à partir de la sixième ligne, apparaissent des nombres qui ne sont plus réduits à un chiffre. Nous pouvons tout de même continuer à exploiter le triangle de Pascal pour trouver les puissances de 11, mais à condition de penser à faire des retenues, ajoutant chaque retenue au nombre suivant dont on ne gardera que le chiffre des unités, le tout en procédant de la droite vers la gauche. Le nombre de la sixième ligne où, si tout était simple, l'on devrait trouver directement la valeur de 11^5 (laquelle est 161 051), sont 1, 5, 10, 10, 5, 1. Le 1 de droite représente les unités, le 5 à sa gauche, les dizaines, etc., ce qu'exprime le tableau suivant :

Sixième ligne :	1	5	10	10	5	1
Unités						1
Dizaines					5	0
Centaines				10	0	0
Milliers			10	0	0	0
Diz. de mille		5	0	0	0	0
Cent. de mille	1	0	0	0	0	0

La retenue de 1 dans la colonne des centaines et aussi dans celle des milliers donne 0 dans la colonne des centaines, 1 dans la colonne des milliers et 6 dans la colonne des dizaines de mille, d'où :

$11^5 =$ 1 6 1 0 5 1

Au prix de simples retenues, on trouve de même les autres puissances de 11. Et ce n'est là que de début des surprises que nous réserve le triangle de Pascal. D'autres nous attendent p. 134-135.

Exercice 17 Le problème des présentations

PROBLÈME

Julie et Claire ont décidé de faire une fête réunissant vingt personnes, en plus d'elles. Elles veulent que chacun des invités ait une chance de faire connaissance avec tous les autres. Toutes ces personnes connaissent Julie et Claire, mais ne se connaissent pas entre elles. Julie et Claire louent donc les services d'un professionnel qui prend deux euros pour chaque présentation, laquelle lui prend une minute et quinze secondes. Combien de présentations sera-t-il amené à faire, combien gagnera-t-il et quel est son salaire horaire?

MÉTHODE

Une méthode consiste à faire la liste de toutes les présentations possibles. Pour vingt personnes, la liste serait très longue à établir, mais en se restreignant à un sous-ensemble, une structure utile se dégage. Ci-contre, cette liste, pour six personnes seulement.

A salue B; B salue C; C salue D; D salue E; E salue F

A salue C; B salue D; C salue E; D salue F

A salue D; B salue E; C salue F

A salue E; B salue F

A salue F

Le nombre de présentations restantes décroît d'une unité à chaque nouvelle présentation (une fois que A à été présenté à B, point n'est besoin de présenter B à A). Ainsi, avec six personnes, le nombre de présentations sera $1 + 2 + 3 + 4 + 5 = 15$ (on remarquera au passage que 15 est le cinquième nombre triangulaire ; voir p. 16-17).

Pour vingt invités, A sera présenté à 19 personnes, puis B, ayant déjà été présenté à A, ne sera présenté qu'à 18 personnes, de même C à 17, etc. Le nombre de présentations s'élèvera donc à $19 + 18 + 17 + 16 + 15 + 14 + 13 + 11 + 10 + 9 + 8 + 7 + 6 + 5 + 4 + 3 + 2 + 1 = 190$. On constate que cette somme est, elle aussi, un nombre triangulaire, à savoir le dix-neuvième. Il se trouve que nous disposons d'une formule pour trouver les nombres triangulaires :

$$\frac{(n)(n-1)}{2}$$

soit, dans l'exemple traité ici :

$$\frac{(20)(19)}{2} = 190$$

Pour résoudre des équations du second degré à l'aide des combinaisons, voir p. 137.

Une autre méthode consiste à calculer le nombre de combinaisons (voir p. 127). Puisque la présentation de A à B est réciproque et donc que l'ordre ne compte pas, nous avons affaire à une combinaison et non à un arrangement. Comme nous le savons déjà, le nombre de combinaisons est le nombre de façons de choisir *r* éléments (sans tenir compte de l'ordre) dans un ensemble renfermant *n* éléments. Dans l'exemple traité ici, c'est le nombre de façons de choisir deux personnes parmi vingt, soit :

$$C_{20}^{2} = \frac{20!}{18! \cdot 2!} = \frac{20 \cdot 19 \cdot 18!}{18! \cdot 2!} = \frac{20 \cdot 19}{2} = 190$$

Le professionnel chargé des présentations recevant deux euros pour chacune d'elles, son gain sera de 380 euros, somme qu'il aura gagnée en 237,5 minutes, soit 3,9583 heures, puisque chaque présentation lui prend une minute et quinze secondes. Son salaire horaire est donc, à peu de chose près, de 95 euros.

SOLUTION

Le professionnel engagé a fait 190 présentations et a gagné 380 euros, pour un salaire horaire de 95 euros.

Les réponses aux problèmes de combinaisons peuvent s'obtenir à l'aide du triangle de Pascal. Dans cet exemple, C_{20}^{2} est le troisième terme de la vingt et unième ligne du triangle de Pascal.

LE TRIANGLE DE PASCAL 2e partie

Comme nous nous en sommes déjà aperçu, il y a de la beauté et beaucoup de symétrie dans le triangle de Pascal. Comme dans le cas de la suite de Fibonacci et du nombre d'or, la perception de cette beauté ne requiert guère de connaissances mathématiques.

La beauté du triangle de Pascal
Pour découvrir la beauté du triangle de Pascal, nous n'avons besoin que de quelques crayons de couleur. Choisissons un ensemble de nombres ayant une propriété commune, les multiples de cinq par exemple, et colorions les dans le triangle. Ou encore, prenons un nombre au hasard et divisons les nombres du triangle de Pascal par ce nombre en n'écrivant que les restes à la place des nombres. Ces derniers seront compris entre zéro et le nombre que vous aurez choisi diminué de un (utiliser des couleurs différentes pour les différents restes). Vous verrez apparaître ainsi de belles structures. Avec un peu d'imagination, vous découvrirez bien d'autres propriétés encore.
Si nous procédons comme précédemment pour obtenir des restes, mais en divisant par deux et en coloriant les restes lorsqu'ils valent un, les laissant en blanc sinon, nous obtiendrons ce qu'on appelle le triangle de Sierpinski, nommé ainsi en l'honneur du mathématicien polonais Wacław Sierpiński (1882-1969) qui le décrivit en 1915. Cela montre en passant que l'on découvre encore à notre époque de nouvelles propriétés d'objets connus depuis des siècles.
On a là un exemple faisant apparaître un lien entre le triangle de Pascal et la géométrie fractale, branche des mathématiques relativement récente, le terme «fractal» n'ayant été créé qu'en 1975, par le mathématicien français Benoît Mandelbrot.

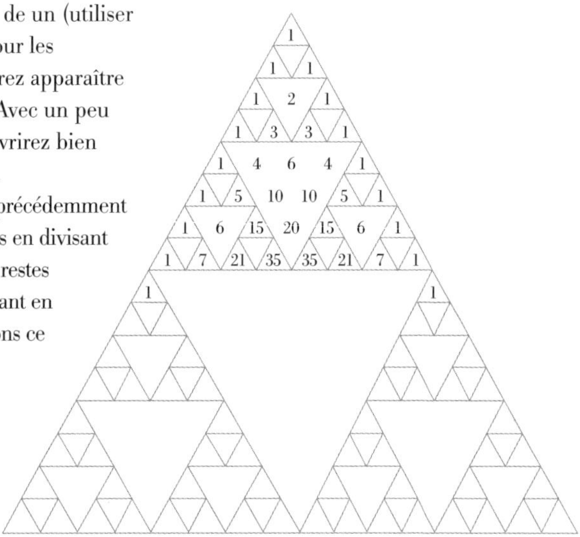

• Le triangle de Sierpinski, une fractale que l'on peut trouver dans le triangle de Pascal.

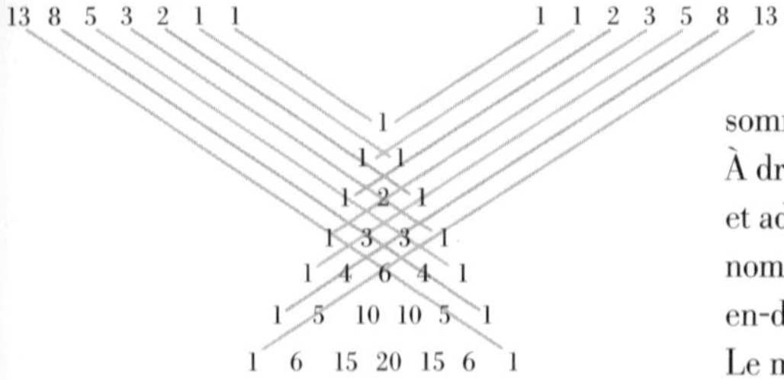

Pascal et Fibonacci

On peut aussi faire apparaître la suite de Fibonacci en additionnant les termes des diagonales (voir ci-dessus). Cela relie trois des plus élégants objets mathématiques : le triangle de Pascal, la suite de Fibonacci et le nombre d'or.

Pascal et les crosses de hockey

Si l'on additionne les nombres figurant dans n'importe quelle partie de diagonale commençant par un 1, la somme de ces nombres apparaît dans la ligne suivante. Additionnons quelques nombres de la cinquième diagonale de gauche. Ces nombres sont 1, 5, 15, 35, 70, etc. Si nous additionnons les cinq premiers, nous obtenons 126, que l'on trouve en-dessous à gauche, à la ligne suivante. Ces nombres forment comme le manche, et leur somme la palette d'une crosse de hockey. À droite, prenons la troisième diagonale et additionnons les quatre premiers nombres, 1, 3, 6, 10. Leur somme se trouve en-dessous, à droite, sur la ligne suivante. Le manche de la crosse peut avoir une longueur quelconque, mais doit toujours commencer par 1 ; la palette se trouve, comme il se doit, dans le prolongement du manche, à droite ou à gauche, suivant l'orientation de la diagonale.

Les fleurs de Pascal

Si l'on prend n'importe quel nombre du triangle, hormis les 1 des bords, ce nombre sera entouré de six autres disposés comme les pétales d'une fleur : le produit de trois de ces nombres non consécutifs est le même que celui des trois autres restants. Le troisième nombre à partir de la droite dans la sixième ligne vaut 10 et est entouré par les nombres 4, 6, 10, 20, 15 et 5. Si l'on multiplie trois de ces nombres non consécutifs, par exemple 4, 10 et 15, le produit vaut 600, qui est aussi le produit des trois nombres restants, 6, 20 et 5. Pas mal, non ?

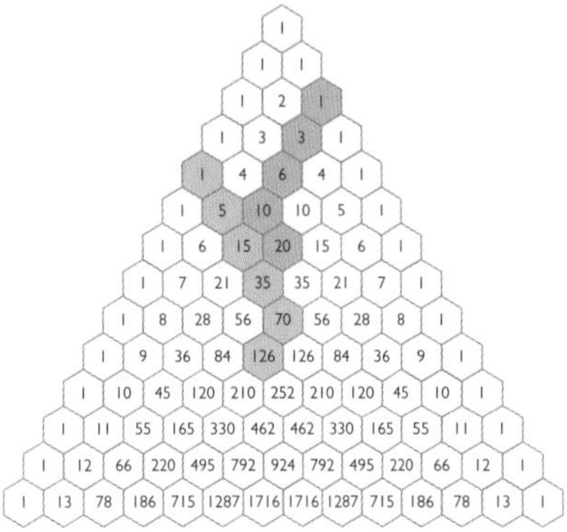

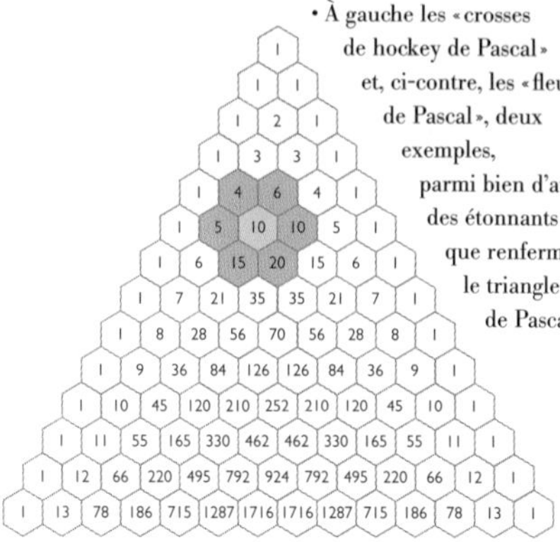

• À gauche les « crosses de hockey de Pascal » et, ci-contre, les « fleurs de Pascal », deux exemples, parmi bien d'autres, des étonnants motifs que renferme le triangle de Pascal.

LA FORMULE DU BINÔME

La formule du binôme de Newton est un procédé élégant pour développer les binômes. Cette formule est particulièrement utile dans les questions de probabilité où l'on n'a que deux choix possibles, comme dans le jeu de pile ou face. Cela peut paraître plutôt limité, mais il est souvent aisé et commode de classer les choses en deux groupes.

Quelques binômes développés

Si l'on développe $(x + y)^0$, on obtient 1, puisque tout nombre à la puissance zéro vaut 1. Le développement de $(x + y)^1$ donne évidemment $1x + 1y$.

Lorsque l'on développe $(x + y)^2$, cela revient à écrire $(x + y)^2$ deux fois et à calculer le produit $(x + y)(x + y)$. Il vient alors $1x^2 + 1xy + 1xy + 1y^2$, soit $1x^2 + 2xy + 1y^2$.

Dans le cas de $(x + y)^3$, on doit calculer :

$$(x + y)(x + y)(x + y)$$

ce qui donne :

$$(x^2 + 2xy + 1y^2)(x + y)$$

On multiplie ensuite le trinôme par le binôme et l'on obtient :

$$1x^3 + 1x^2y + 2x^2y + 2xy^2 + 1xy^2 + 1y^3$$

et finalement :

$$1x^3 + 3x^2y + 3xy^2 + 1y^3$$

À mesure que la puissance augmente, le calcul devient, bien sûr, de plus en plus impraticable. Par bonheur, il y existe un procédé élégant pour traiter le cas général. Jusqu'à présent, les formules suivantes ont été établies :

$$(x + y)^0 = 1$$
$$(x + y)^1 = 1x + 1y$$
$$(x + y)^2 = 1x^2 + 2xy + 1y^2$$
$$(x + y)^3 = 1x^3 + 3x^2y + 3xy^2 + 1y^3$$

En examinant les coefficients de ces développements, on s'aperçoit qu'ils sont distribués comme dans le triangle de Pascal. Si l'on veut maintenant trouver le développement de $(x + y)^4$, on peut le faire sans calcul. En nous aidant du triangle de Pascal, il vient en effet :

$$(x + y)^4 = 1x^4 + 4x^3y + 6x^2y^2 + 4xy^3 + 1y^4$$

Les coefficients ne sont qu'une partie du développement, l'autre étant constituée des variables. Dans le développement en question, le premier x est à la puissance 4, laquelle puissance décroît en allant vers la droite, jusqu'à être nulle ($1x^0y^4 = 1y^4$, puisque $x^0 = 1$).

Ainsi, les exposants de x sont-ils successivement 4, 3, 2, 1 et 0. Inversement, l'exposant de y est d'abord 0 et augmente progressivement jusqu'à 4 en allant vers la droite. Ce 4 vient bien sûr du fait que l'expression originale est à la puissance 4 : $(x + y)^4$. Si cet exposant avait été 5, on aurait procédé de même à l'aide du triangle de Pascal pour obtenir finalement :

Pour en savoir plus sur les nombres de combinaisons, voir p. 126-127.

$$(x + y)^5 = 1x^5 + 5x^4y + 10x^3y^2 + 10x^2y^3 + 5xy^4 + 1y^5$$

Usage des factorielles

Même le recours au triangle de Pascal se heurte vite à des limites pratiques. L'utiliser pour développer par exemple $(x + y)^{13}$ nécessite le calcul de sa treizième ligne, ce qui représenterait une grande perte de temps et un risque d'erreur non négligeable. Par bonheur, il est possible d'utiliser ici les factorielles. En examinant l'exemple suivant :

$$1x^5 + 5x^4y + 10x^3y^2 + 10x^2y^3 + 5xy^4 + 1y^5$$

on voit que le coefficient du second terme est 5. Il est possible d'exprimer ce nombre à l'aide de factorielles en l'écrivant $\frac{5!}{4!\cdot 1!}$. La somme des exposants de x et de y vaut 5 : x est à la puissance 4 et y à la puissance 1. Le coefficient suivant, 10, peut de même s'écrire $\frac{5!}{3!\cdot 2!}$. Les coefficients s'obtiennent donc au moyen de la formule :

$$\frac{\text{(somme des exposants)!}}{\text{(premier exposant)!(second exposant)!}}$$

Pour en revenir à $(x + y)^{13}$, en pratique nous devons écrire d'abord les variables $x^{13}, x^{12}y, x^{11}y^2, \ldots$, puis former la somme en introduisant les coefficients exprimés à l'aide de la formule générale qui vient d'être indiquée :

$$\frac{13!}{13!0!}x^{13} + \frac{13!}{12!1!}x^{12}y + \frac{13!}{11!2!}x^{11}y^2 + \ \ldots$$

Après calcul, on obtient finalement :

$$1x^{13} + 13x^{12}y + 78x^{11}y^2 + \ \ldots$$

Une autre manière de développer

Pour trouver les coefficients, il est aussi possible d'utiliser les combinaisons. Dans le dernier exemple traité, $(x + y)^{13}$, les trois premiers termes du développement s'écrivent (voir la formule générale, p. 127) :

$$C_{13}^{0}x^{13} + C_{13}^{1}x^{12}y + C_{13}^{2}x^{11}y^2 + \ldots$$

Les trois méthodes sont visiblement équivalentes et l'on utilise celle qui paraît le mieux convenir.

Exercice 18

Pile ou face

PROBLÈME

Adrien fait un pari avec Marc. Adrien lancera une pièce dix fois. Si face sort zéro, deux, trois, sept, huit, neuf ou dix fois, Marc recevra un euro, mais si face sort quatre, cinq ou six fois, il devra donner un euro à Adrien. Marc doit-il accepter ce pari ?

MÉTHODE

La plupart des gens ont le sentiment de pouvoir évaluer correctement la probabilité de bien des événements. La réalité est toute différente ! Le nombre de gens qui jouent à la loterie ou pensent pouvoir faire sauter la banque au casino en est la meilleure preuve.

Bien sûr, beaucoup, par bonheur, ne se font guère d'illusion et achètent des billets de loterie pour s'amuser, sans que cela ne vienne grever leur budget. Et comme la chance de gagner le gros lot, n'est pas tout à fait nulle… eh bien, sait-on jamais ! Au black-jack, il y a, certes, des possibilités réelles de faire sauter la banque, mais pour cela il faut être initié et c'est au prix de gros risques et autres désagréments. Pour en revenir au problème posé, beaucoup sans doute accepteront le pari, persuadés d'avoir huit chances de gagner contre trois de perdre. Assez étonamment, ils ont tort !

Une première manière d'aborder le problème serait de répéter un certain nombre de fois le pari pour se faire une idée des chances de gagner. Si l'on joue en jetant dix fois la pièce à chaque partie et que l'on compte le nombre de faces obtenues lors de chacune d'elles, en reportant ces nombres sur le papier, on obtient une courbe en cloche (ci-contre). Sur cette courbe, « 5 faces » s'avère le résultat le plus fréquent.

Un procédé plus rapide et plus précis consiste à utiliser la formule du binôme (voir p. 136-137). Il n'y a que deux possibilités : pile (p) ou face (f). Si l'on jette la pièce dix fois, le binôme s'écrit $(p+f)^{10}$, une puissance pour chaque lancé. En développant, on obtient :

$$h^{10} + 10h^9t + 45h^8t^2 + 120h^7t^3 + 210h^6t^4 + 252h^5t^5$$

$$+ 210h^4t^6 + 120h^3t^7 + 45h^2t^8 + 10ht^9 + t^{10}$$

Cela dit, la probabilité d'obtenir pile est de $\frac{1}{2}$, comme celle d'obtenir face. Adrien souhaite qu'il y ait 4, 5 ou 6 faces. Dans le binôme, la probabilité pour 4 faces et 6 piles sera donnée par le terme comportant quatre p et six f, soit $210p^4f^6$. Puisque la probabilité de pile ou face est $\frac{1}{2}$, en remplaçant on obtient :

$$210\left(\frac{1}{2}\right)^4\left(\frac{1}{2}\right)^6 \text{ ou } 0{,}205078125$$

Le terme représentant 5 piles et 5 faces est $252p^5f^5$ et il vient :

$$252\left(\frac{1}{2}\right)^5\left(\frac{1}{2}\right)^5 \text{ ou } 0{,}24609375$$

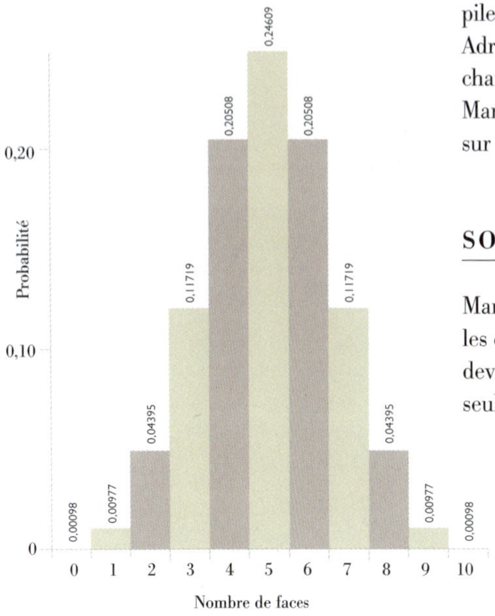

Pour six piles et quatre faces le terme à prendre est $210p^6f^4$, ce qui fait

$$210\left(\frac{1}{2}\right)^6\left(\frac{1}{2}\right)^4 \text{ ou } 0{,}205078125$$

En additionnant ces quantités, on trouve que la probabilité d'obtenir 4, 5 ou 6 piles est de 0,65625, soit 65,625 %. Adrien a donc approximativement deux chances sur trois de gagner le pari et Marc n'a par conséquent qu'une chance sur trois de gagner.

SOLUTION

Marc devrait donc s'abstenir de parier, les chances étant contre lui. Adrien le devancera en moyenne d'un euro après seulement trois parties.

Leonhard Euler

L'un des mathématiciens les plus productifs de tous les temps, Leonhard Euler, naquit en 1707. Son père, Paul, connaissait le célèbre Johann Bernoulli et avait de bonnes notions en mathématiques ; aussi en enseigna-t-il les rudiments à son fils. Leonhard entra à l'université en 1720 et ses capacités furent vites reconnues. En fin de semaine, Bernoulli répondait à ses questions et lui suggérait des lectures. En 1723, Euler passa sa maîtrise en philosophie. Son père aurait aimé qu'il se consacrât à la théologie, mais Bernoulli aida Leonhard à convaincre son père de le laisser poursuivre des études de mathématiques.

Saint-Pétersbourg et Berlin

En 1726, lorsque Nicolaus Bernoulli, le fils aîné de Johann Bernoulli mourut, Euler pris sa place à l'académie des sciences de Russie, à Saint-Pétersbourg. Euler vécut et travailla alors avec le second fils de Bernoulli, Daniel. Aigri, ce dernier quitta l'académie et, en 1723, Euler le remplaça à la chaire de mathématiques. En 1734, Euler se maria. Il eut treize enfants, dont cinq seulement survécurent Des remous dans la monarchie engendrèrent des tensions croissantes à l'académie et, en 1741, Euler accepta un poste à Berlin où il devait rester pendant vingt-cinq ans.

Pendant cette période, il publia de nombreux articles et, en 1759, fut nommé doyen de l'académie de Berlin. En 1766, il retourna à l'académie des sciences de Russie, mais perdit la vue peu après. Euler continua néanmoins ses travaux, avec l'aide de ses fils Johann et Christoph, et ce, jusqu'à sa mort, qui survint le 18 septembre 1783.

Les ponts de Königsberg

Le problème des « ponts de Königsberg » est un classique. La ville, jadis en Prusse, est maintenant en Russie, dans une enclave située entre la Lituanie et la Pologne. Elle inclut deux îles situées sur la rivière Pregel qui la traverse. Sept ponts relient ces îles entre elles et aux berges du fleuve. La question est de savoir s'il existe un trajet permettant de passer par tous les ponts une seule fois. Euler montra que cela est impossible. Cela tient au nombre de ponts vers chaque portion de territoire délimitée par le fleuve. De chacune de celles dont on ne part pas ou à laquelle on n'arrive pas, on doit entrer et sortir, opérations qui nécessitent deux ponts. Autrement dit, toute portion de territoire qui n'est ni point de départ ni point d'arrivée doit être reliée par un nombre pair de ponts. Tel n'est pas le cas de Königsberg, où les quatre portions de territoire délimitées par le fleuve ont chacune un nombre impair de ponts. Ce problème mène à ce qu'on dénomme un *graphe eulérien*, lequel permet de passer chaque pont

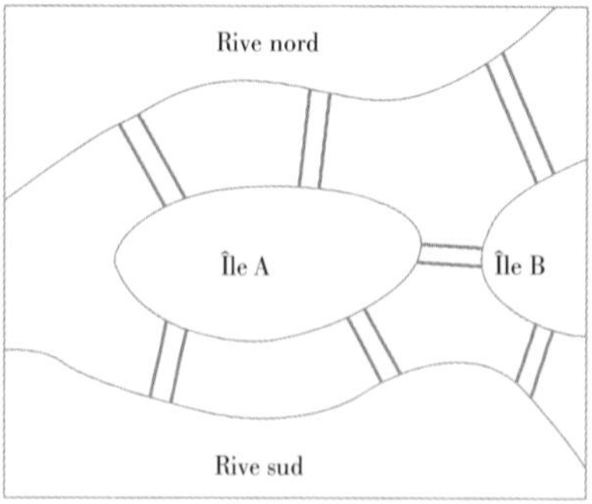

• Les ponts de Königsberg peuvent être représentés par des sommets (les portions de territoires limitées par le fleuve) et des arêtes (les ponts). De nombreuses cartes se laissent représenter ainsi, comme, par exemple, la carte du réseau des chemins de fer d'un pays, laquelle est généralement donnée sous la forme de sommets (les stations) et d'arêtes (les lignes). Les graphes eulériens ont des applications pratiques, par exemple dans les entreprises de transport routier lorsqu'elles cherchent à réduire les frais de transport (carburant, salaires, etc.) en établissant des itinéraires qui évitent de passer deux fois sur la même portion du trajet.

une seule fois si et seulement si deux des portions de territoire ont un nombre impair de ponts. Cela ne serait possible ici que si l'on supprimait le pont entre les deux îles. Un *cycle eulérien* requiert que l'on retourne au point de départ et que chaque portion de territoire ait un nombre pair de ponts.

Un graphe eulérien a des sommets et des arêtes, en l'occurrence les portions de territoire et les ponts de Königsberg respectivement. En relation avec ce problème, Euler établit la formule $S - A + F = 2$, où S est le nombre de sommets, A celui des arêtes et F le nombre de faces d'un polyèdre (voir p. 53).

NOTE SUR LA NOTATION

Euler est aussi à l'origine de certaines notations toujours en usage à l'heure actuelle. Il fut le premier à adopter la notation $f(x)$ pour désigner une fonction de la variable x ; il introduisit également le signe de sommation Σ (la lettre grecque sigma), la lettre i pour les nombres imaginaires et e pour le nombre 2,71828. La première référence à e se trouve dans un travail de John Napier (voir p. 160), mais la découverte de cette constante est attribuée à Jacob Bernoulli, le fils de Johann. Euler employa la lettre e pour cette constante et cette notation est passée dans l'usage. Le nombre e est un autre de ces nombres extraordinaires, à côté de π et φ (voir p. 18-19 et 100-101).
Il peut être calculé à l'aide de la série infinie suivante :

$$e = \frac{1}{0!} + \frac{1}{1!} + \frac{1}{2!} + \frac{1}{3!} + \frac{1}{4!} \dots$$

Cela mène à l'une des plus belles équations des mathématiques, à savoir $e^{i\pi} + 1 = 0$.

Exercice 19

Les voies eulériennes de la forme

PROBLÈME

Arrivé à son quarante-deuxième anniversaire, Pierre se découvre une bedaine. Il décide alors de faire de l'exercice. Ah, avoir vingt ans à nouveau… Quand on a vingt ans, on court pour avoir la forme ; à trente ans, on court pour la garder, et à quarante pour limiter un déclin inéluctable. Un terrain de camping voisin, fermé pendant l'hiver, s'avère un endroit idéal où courir. Pierre aimerait commencer sa course à l'aire de stationnement et y revenir après avoir emprunté tous les chemins en courant, sans jamais passer deux fois par le même. Est-ce possible (voir la plan ci-contre) ? Si tel n'est pas le cas, comment peut-il tourner la difficulté au prix de quelques modifications de parcours ?

MÉTHODE

Il s'agit là d'un problème typique de cycle eulérien. Sur la carte, il y a sept sommets, en d'autres termes sept intersections de chemins. Deux chemins seulement partent et aboutissent à l'aire de stationnement : le sommet correspondant est dit de *degré* pair. Les six autres sommets, eux, sont impairs. Dans sa configuration réelle, le circuit n'est donc pas un cycle eulérien et Pierre doit envisager un compromis. Faire tracer un nouveau chemin n'ayant rien de réaliste, la seule solution possible consiste à s'interdire certaines portions de parcours, pour en parcourir d'autres deux fois. Un cycle eulérien est caractérisé par un nombre pair d'arêtes joignant les sommets. Parcourir une arête deux fois, équivaut à ajouter un chemin virtuel. Pierre prenant les choses au sérieux, décide de s'abstenir de courir sur un certain nombre de sections courtes et de parcourir à la place deux fois des sections longues.

Pour d'autres informations sur les cycles eulériens, voir p. 140-141.

Après avoir repéré par des lettres les sommets et les arêtes par des nombres, les choses se présentent comme suit. En courant de A à B, puis à C, Pierre peut bouder le chemin 2 qui rend le degré de C pair. Puis il peut courir de C à E, en passant par D, et s'abstenir ainsi d'emprunter le chemin 6, rendant ainsi D et G pairs. Partant de E et passant par F, il peut ensuite se rendre à G par le chemin 7, puis revenir à F par le chemin 8. Si maintenant il emprunte le 9, cela revient à ajouter un nouveau chemin, rendant ainsi F et E pairs. Il peut ensuite courir de E à B. S'il prend à nouveau 1, cela rend B et A pairs. Nous aurons alors bien affaire à un cycle eulérien.

SOLUTION

En s'interdisant deux portions de chemin courtes et en parcourant deux sections par deux fois, on peut faire du parcours un cycle eulérien : $1 \rightarrow 3 \rightarrow 4 \rightarrow 5 \rightarrow 9 \rightarrow 7 \rightarrow 8 \rightarrow 9 \rightarrow 10 \rightarrow 1$.

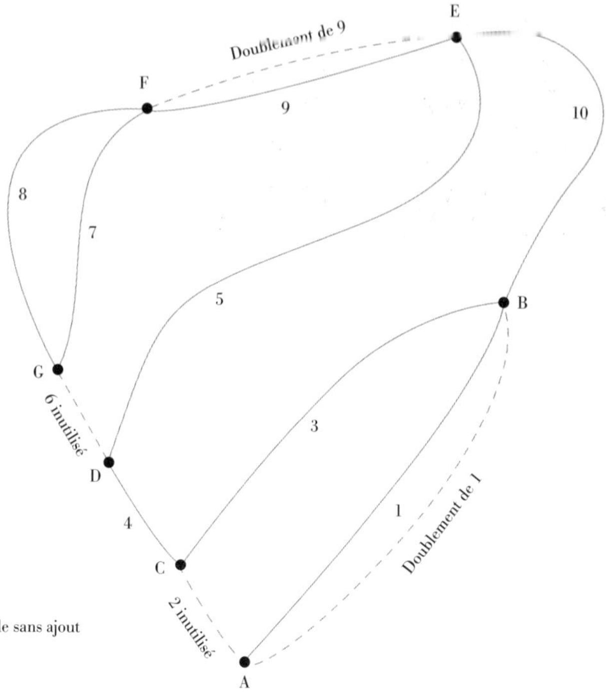

• Aucun circuit eulérien possible sans ajout ou suppression de chemins.

Portrait

Carl Friedrich Gauss

Carl Friedrich Gauss était à n'en pas douter un véritable « Monsieur-je-sais-tout », s'il en fut jamais un ! Une de ces personnes qui vous répondent invariablement un « Oui, je sais… », quand vous leur rapportez quelque chose de remarquable que vous venez d'apprendre. Lorsqu'on parle de génie exceptionnel, Gauss en est assurément l'exemple par excellence.

Premières années

Carl Friedrich Gauss naquit en 1777 en Allemagne, à Brunswick. À l'école, déjà à l'âge de sept ans, il impressionnait son maître par son esprit brillant (voir p. 146-147). À l'âge de onze ans, il fut admis au lycée où il apprit des langues. En 1792, âgé de quinze ans, il entra au *Collegium carolinum* de Brunswick.

Là, Gauss, entre autres, redémontra indépendamment la formule du binôme de Newton (voir p. 136-137). Trois ans après, il accède à l'université de Göttingen, qu'il quitta sans diplôme. Boursier du duc de Brunswick, à la demande de ce dernier, il soutint sa thèse de doctorat à l'université de Helmstedt en 1799. Sa thèse portait sur le « théorème fondamental de l'algèbre », connu depuis aussi sous le nom de théorème d'Alembert-Gauss.

Années malheureuses

En 1805, Gauss se maria. Il ne pouvait alors savoir ce que l'avenir allait lui réserver pour les cinq années à venir. Le duc de Brunswick, son

Œuvres

• **Disquisitiones arithmeticae**
Hormis sa thèse, les Disquisitiones arithmeticae, *parues en 1801, furent la première œuvre publiée par Gauss. Il y traite surtout de théorie des nombres, entre autres des nombres premiers (voir p. 8-19) et des équations diophantiennes (voir p. 66-67).*

• **Théorie du mouvement des corps célestes**
Publié en 1809, ce second ouvrage résulte naturellement de son étude des trajectoires de Cérès et Pallas, corps célestes que l'on a d'abord pris pour de nouvelles planètes.

• **Articles**
Gauss a aussi publié de nombreux articles, lesquels traitent entre autres des séries, de l'intégration, des statistiques et de la géométrie.

LE THÉORÈME FONDAMENTAL DE L'ALGÈBRE

L'une des plus importantes contributions mathématiques de Gauss fut ses travaux sur le «théorème fondamental de l'algèbre». Selon ce théorème, tout polynôme à coefficients réels ou complexes a des racines dans le plan complexe. Plus précisément, tout polynôme de degré *n* à coefficients complexes (donc en particulier réels) admet *n* racines réelles ou complexes. Par exemple, le polynôme du second degré étudié à la page 112 avait dans les trois cas deux racines: deux solutions réelles différentes, deux solutions réelles confondues en une seule ou deux solutions complexes. Gauss donna une preuve géométrique de ce théorème en 1799, deux autres en 1816 et une révision de sa première démonstration en 1849.

bienfaiteur, mourut dans la guerre contre les Prussiens et, en 1807, Gauss devint directeur de l'observatoire de Göttingen. Auparavant, il était parvenu à prédire avec exactitude la position de deux nouveaux corps célestes, Cérès (la plus petite planète connue) et Pallas (un astéroïde). En 1808 son père mourut, puis ce fut Johanna, sa femme, en 1809, lors de l'accouchement de leur second fils, Louis, lequel mourut l'année suivante. Un an plus tard, il épousait Minna, la meilleure amie de Johanna. Ainsi, entre les années 1805 et 1811, Gauss se maria-t-il deux fois, eut-il quatre enfants (Joseph, Wilhelmine et Louis de Johanna, et Eugene de Minna), et perdit-il quatre proches (le duc de Brunswick, son père, sa femme Johanna et son fils Louis). Lourd tribut à payer au destin!

Dernières années

En 1831 Gauss entreprit de travailler avec Wilhelm Weber (1804-1891), un physicien allemand qu'il fit venir à Göttingen.
Ils publièrent conjointement de nombreux travaux, jusqu'à ce que Weber dût, en 1837, quitter Göttingen en raison d'opinions politiques qui déplaisaient au gouvernement de Hanovre.
Gauss mourut le 23 février 1855, mais ses travaux lui ont survécu sous bien des formes. Plusieurs théorèmes et notions en mathématiques et en physique portent son nom, ainsi qu'une ancienne unité d'induction magnétique. Il existe un Prix Carl Friedrich Gauss pour les mathématiques appliquées et même un cratère de la Lune porte son nom.

«Il se peut que les purs mathématiciens souffrent de certaines limitations, mais la faute n'en revient pas aux mathématiques, car la même remarque vaut pour toutes les autres occupations professionnelles exclusives.»

Exercice 20

Suites arithmétiques

PROBLÈME

La scène se situe en Allemagne, à la fin du XVIIIe siècle. Un professeur fatigué et surmené demande à ses élèves d'additionner tous les entiers de 1 à 100, histoire d'avoir la paix pour un moment. Mais un petit morveux prénommé Carl finit le travail en moins de cinq minutes. Le maître, bien qu'un peu irrité, reconnut de bonne grâce le talent de ce jeune «prince des mathématiques». Pouvez-vous reproduire l'exploit du jeune Carl?

MÉTHODE

Notre petit Carl est tout sauf un impulsif. Alors que les autres écoliers se plongent dans le travail, lui commence par réfléchir.

Carl pense tout d'abord qu'ajouter les nombres de 1 à 100 donne le même total qu'en additionnant les nombres de 100 à 1:

$1 + 2 + 3 \dots + 98 + 99 + 100 = \textit{total}$

ou

$100 + 99 + 98 + \dots. +3 +2 +1 = \textit{total}$

Après avoir écrit les nombres dans les deux sens, Carl s'aperçoit que la somme des colonnes est constante, ce qui, ajouté au fait que la somme des deux séries est deux fois le nombre cherché, donne:

$$1 + 2 + 3 \ldots + 98 + 99 + 100 = \textit{total}$$

$$100 + 99 + 98 + \ldots +3 +2 +1 = \textit{total}$$

$$101 + 101 + 101 \ldots + 101 + 101 + 101 = 2 \cdot \textit{total}$$

Comme 101 apparaît cent fois, il peut réécrire la série de gauche sous la forme d'une multiplication :

$$100(101) = 2 \cdot \textit{total}$$

En divisant de part et d'autre par 2, Gauss obtient finalement :

$$\frac{100(101)}{2} = \textit{total}$$

$$5\,050 = \textit{total}$$

SOLUTION

La somme des entiers de 1 à 100 vaut 5 050.

SUITES ARITHMÉTIQUES

Le cheminement de la pensée de Gauss mène à l'établissement d'une formule générale à partir de la somme d'une suite arithmétique.
Une *suite arithmétique* est une suite d'entiers où chaque nombre s'obtient à partir du précédent par addition d'une valeur constante appelée *raison* de la suite.
Par exemple, 3 + 7 + 11 + 15 + 19 + 23 est la somme limitée à six termes d'une suite arithmétique. Dans cette somme, le premier terme est 3 et la raison est 4.
La formule donnant la somme d'une suite arithmétique limitée est:

$$s = \frac{n}{2}\,(2a + (n - 1)r)$$

où a est le premier terme, r la raison et n le nombre de termes. En reportant dans cette formule les valeurs de l'exemple pris, nous trouvons:

$$s = \frac{6}{2}(2 \cdot 3 + (6 - 1)4)$$

ce qui se simplifie en $s = 3(6+(5)4)$, pour donner finalement $s = 78$.

Exercice

21 Suites géométriques

PROBLÈME

Myçal a gagné à la loterie et se trouve face à une alternative palpitante. Soit elle empoche dix millions d'euros immédiatement, soit elle reçoit un centime d'euro le premier jour du mois, puis deux le jour suivant, quatre le troisième jour, etc., c'est-à-dire une somme qui double de jour en jour, et ce, jusqu'à la fin du mois. Quelle est la solution la plus avantageuse pour elle ?

MÉTHODE

La question est de savoir si le second choix proposé mènerait à un gain supérieur à 10 000 000 euros. Myçal, bien que peu enthousiasmée par les mathématiques, sent que consacrer un peu de temps à examiner la question en vaut certainement la peine et se lance donc dans les calculs.

Première solution = 10 000 000 €

Seconde solution = un peu de travail

Supposons qu'il s'agisse d'un mois de trente jours. Myçal commence par mettre dans un tableau ce qu'elle recevrait chaque jour au cas où elle déciderait de choisir le second terme de l'alternative.

Jour	Gain	Gain (2e présentation)	Gain (3e présentation)
1	0,01 €	0,01 €	$0{,}01 \cdot 2^0$ €
2	0,02 €	$0{,}01 \cdot 2$ €	$0{,}01 \cdot 2^1$ €
3	0,04 €	$0{,}01 \cdot 2 \cdot 2$ €	$0{,}01 \cdot 2^2$ €
4	0,08 €	$0{,}01 \cdot 2 \cdot 2 \cdot 2$ €	$0{,}01 \cdot 2^3$ €
5	0,16 €	$0{,}01 \cdot 2 \cdot 2 \cdot 2 \cdot 2$ €	$0{,}01 \cdot 2^4$ €

Cela peut s'écrire comme une somme :

$$\textit{total} \;= 0{,}01 \cdot 2^0 + 0{,}01 \cdot 2^1 + 0{,}01 \cdot 2^2 + 0{,}01 \cdot 2^3 + \ldots + 0{,}01 \cdot 2^{28} + 0{,}01 \cdot 2^{29}$$

laquelle somme nécessite tout de même d'ajouter trente nombres différents ! On peut adopter une méthode voisine de celle utilisée par Carl pour les suites arithmétiques (voir p. 146-147). Myçal multiplie donc par 2 la série obtenue ci-dessus :

$$2 \cdot \textit{total} \;= 0{,}01 \cdot 2^1 + 0{,}01 \cdot 2^2 + 0{,}01 \cdot 2^3 + 0{,}01 \cdot 2^4 + \ldots + 0{,}01 \cdot 2^{29} + 0{,}.01 \cdot 2^{30}$$

Elle constate que cette opération a ajouté 1 à chaque exposant. En soustrayant maintenant la plus petite série de la plus grande, elle obtient :

$$\begin{aligned} 2 \cdot \textit{total} &= 0{,}01 \cdot 2^1 + 0{,}01 \cdot 2^2 + 0{,}01 \cdot 2^3 + \ldots + 0{,}01 \cdot 2^{28} + 0{,}01 \cdot 2^{29} + 0{,}01 \cdot 2^{30} \\ \textit{total} &= 0{,}01 \cdot 2^0 + 0{,}01 \cdot 2^1 + 0{,}01 \cdot 2^2 + 0{,}01 \cdot 2^3 + \ldots + 0{,}01 \cdot 2^{28} + 0{,}01 \cdot 2^{29} \end{aligned}$$

Elle voit alors que la plupart des termes sont communs à ces deux séries dites géométriques. Elle soustrait donc :

$$\textit{total} = -0{,}01 \cdot 2^0 + 0{,}01 \cdot 2^{30}$$

ce qui se simplifie en :

$$\begin{aligned} \textit{total} &= 0{,}01 \cdot 2^{30} - 0{,}01 \cdot 2^0 \\ &= 10\,737\,418{,}25 \end{aligned}$$

SOLUTION

Le second choix proposé est plus favorable. En refaisant les calculs pour février, le premier serait cependant plus avantageux de quelques 5 000 000 € !

SUITES GÉOMÉTRIQUES

La formule générale donnant la somme partielle d'une *suite géométrique* est :

$$s = \frac{a(r^n - 1)}{(r - 1)}$$

où *a* est le premier terme, *r* est la *raison* (c'est-à-dire le multiplicateur constant) et *n* est le nombre des termes de la suite.

Chapitre

6

Finances et cryptage

Nous avons vu que l'algèbre était souvent utile. Nous nous intéresserons maintenant à deux domaines de la vie quotidienne où elle est particulièrement présente : l'argent et la protection des données personnelles. La place manque pour disséquer ici les bizarreries de la finance moderne et le cryptage compliqué des ordinateurs actuels. Aussi nous limiterons-nous à des raffinements plus accessibles, qui, pour autant, n'en seront pas moins passionnants.

EXPONENTIELLES : RÈGLES

Avant de nous plonger dans les questions d'argent, les taux d'intérêt en particulier, voyons brièvement la notion de puissance. Une puissance représente simplement des multiplications successives d'un nombre par lui-même : 2^5 n'est rien d'autre que $2 \cdot 2 \cdot 2 \cdot 2 \cdot 2$.

Les *fonctions exponentielles* comprennent un coefficient, une *base* et un exposant. Ainsi, dans $3x^5$, 3 est-il le coefficient, x la base et 5 l'exposant. Elles obéissent aux règles suivantes.

1) $x^n \cdot x^m = x^{n+m}$

Pour multiplier des exponentielles de même base, on ajoute leurs exposants. Par exemple :

$$x^2 \cdot x^3 = x^5 \text{ ou } (x \cdot x) \cdot (x \cdot x \cdot x) = (x \cdot x \cdot x \cdot x \cdot x)$$

2) $x^n : x^m = x^{n-m}$

Pour les diviser, on soustrait leurs exposants. Par exemple :

$$x^7 : x^4 = x^3 \text{ ou}$$

$$\frac{(x \cdot x \cdot x \cdot x \cdot x \cdot x \cdot x)}{(x \cdot x \cdot x \cdot x)} = \frac{(x \cdot x \cdot x \cdot \cancel{x \cdot x \cdot x \cdot x})}{(\cancel{x \cdot x \cdot x \cdot x})} = (x \cdot x \cdot x) = x^3$$

3) $(x^n)^m = x^{n \cdot m}$

Pour élever une exponentielle à une puissance, on multiplie les exposants. Par exemple :

$$(x^3)^2 = x^6 \text{ ou}$$

$$(x^3) \cdot (x^3) = x^6 \text{ (avec la règle 1)}$$

4) $(xy)^m = x^m y^m$

En d'autres termes, quand le produit de plusieurs bases est élevé à la même puissance, l'exposant peut être distribué sur chaque base. Ainsi :

$$(xy)^3 = (xy)(xy)(xy) = (x \cdot x \cdot x)(y \cdot y \cdot y)$$
$$= x^3 y^3$$

5) $\left(\frac{x}{y}\right)^m = \frac{x^m}{y^m}$

Autrement dit, lorsqu'une fraction est élevée à une puissance, l'exposant se distribue sur le numérateur et le dénominateur. Par exemple :

$$\left(\frac{x}{y}\right)^3 = \left(\frac{x}{y}\right)\left(\frac{x}{y}\right)\left(\frac{x}{y}\right) = \frac{(x \cdot x \cdot x)}{(y \cdot y \cdot y)} = \frac{x^3}{y^3}$$

6) $x^0 = 1$, où $x \neq 0$

Écrivons :

$$\frac{x^3}{x^3} = \frac{(x \cdot x \cdot x)}{(x \cdot x \cdot x)} = \frac{(\cancel{x \cdot x \cdot x})}{(\cancel{x \cdot x \cdot x})} = 1$$

La règle 2 permet d'écrire $\frac{x^3}{x^3} = x^{3-3} = x^0$, d'où $x^0 = 1$: tout nombre (non nul) à la puissance 0 vaut 1 ; quant à 0^0, il n'est tout simplement pas défini.

7) $x^{-m} = \frac{1}{x^m}$

Cette formule se démontre à l'aide de la règle 2 et de la règle 6. Ainsi :

$$x^{-4} = \frac{1}{x^4}, \text{ parce que}$$

$$x^{-4} = x^{0-4} = \frac{x^0}{x^4} = \frac{1}{x^4}$$

8) $\frac{1}{x^{-m}} = x^m$

Cela se démontre à l'aide des mêmes règles. Par exemple :

$$\frac{1}{x^{-4}} = x^4, \text{ parce que}$$

$$\frac{1}{x^{-4}} = \frac{x^0}{x^{-4}} = x^{0-(-4)} = x^{0+4} = x^4$$

En ce qui concerne les règles 7 et 8, il est plus facile de se rappeler que l'on change le signe des exposants lorsqu'on inverse la fraction, c'est-à-dire quand on échange le numérateur et le dénominateur, comme dans l'exemple suivant :

$$\frac{2^{-3}}{3^{-2}} = \frac{3^2}{2^3} = \frac{9}{8} = 1{,}125$$

On notera que l'introduction de ces règles sur les exposants suit l'ordre des ensembles de nombres introduits p. 14-15. Les cinq premières règles concernent les entiers naturels, la sixième concerne l'exposant zéro donc l'ensemble des naturels complété du zéro, et les deux dernières l'ensemble des entiers y compris négatifs. Il nous reste à présenter deux autres règles afin d'inclure les nombres rationnels (les fractions), à vrai dire une règle qu'il est plus pratique de scinder en deux.

9) $\sqrt[n]{x} = x^{\frac{1}{n}}$

Ainsi la racine carrée de x, $\sqrt[2]{x}$, laquelle peut encore s'écrire $x^{\frac{1}{2}}$. L'indice utilisé (^{2}) est habituellement omis, mais il est utilisé pour les racines d'ordre supérieur (^{3} pour une racine cubique, etc.). En multipliant la racine carrée de x par elle-même, on obtient :

$$\sqrt{x} \cdot \sqrt{x} = \sqrt{x \cdot x} = \sqrt{x^2} = x$$

En multipliant l'exposant fractionnaire par lui-même, on obtient le même résultat (voir cependant l'encart) ; $\sqrt[3]{x}$ sera donc égal à $x^{\frac{1}{3}}$, etc. La règle 10 n'est qu'une extension de la règle 9 :

10) $\sqrt[n]{x^m} = x^{\frac{m}{n}}$ ou $(\sqrt[n]{x})^m = x^{\frac{m}{n}}$

Exemple : $\sqrt[3]{x^2} = x^{\frac{2}{3}}$ ou $(\sqrt[3]{x})^2 = x^{\frac{2}{3}}$

PRUDENCE !

Avec les exposants, il faut se montrer prudent, car cela peut produire des résultats inattendus. Par exemple, si l'on prend la racine carrée de moins deux au carré, $\sqrt{(-2)^2}$, on calcule d'abord le carré de moins deux, ce qui donne 4, puis la racine carrée de 4, ce qui donne 2. Lorsqu'on calcule $(\sqrt{(-2)})^2$, on effectue d'abord la racine carrée, ce qui donne $\sqrt{2} \cdot i$, puis, après mise au carré, $2 \cdot i^2$, qui vaut –2. L'ordre des opérations change le résultat !

Exercice 22

Deux problèmes d'intérêt

PROBLÈME N°1 : REMBOURSER AVEC INTÉRÊT

Anne a besoin d'argent pour faire décoller son projet. Elle s'adresse à son ami Luc pour obtenir l'argent qui lui manque, lui déclarant que s'il pouvait lui prêter 450 euros, elle le rembourserait avec intérêt sur trois ans. Ils se mettent d'accord sur un taux d'intérêt de 5 %. Sachant qu'il s'agit d'un intérêt simple, combien Luc touchera-t-il à terme ?

MÉTHODE

Tout d'abord, bien qu'il soit dit que l'intérêt est simple, il faut noter qu'il aurait fallu de toute façon le supposer, puisque qu'aucune mention n'est faite de la période de calcul de l'intérêt (voir p. 158-159).

La formule permettant de calculer l'intérêt simple est d'une déconcertante simplicité : $I = Crt$, où I est l'intérêt, C le capital (somme empruntée ou investie, suivant le point de vue), r le taux d'intérêt (nombre décimal) et t le temps en années. Ici, nous avons donc :

$$I = Crt$$
$$I = (450)(0{,}05)(3)$$
$$I = 67{,}5$$

SOLUTION

L'intérêt est de 67,50 euros et le capital initial que Luc a prêté à Anne était de 450 euros. Luc encaissera donc 517,50 euros au bout de trois ans.

PROBLÈME N°2 : LE ROI MIDAS À L'ENVERS

Sophie est convaincue que sa nouvelle chanson sera un grand succès. Elle dit à Gilles que s'il lui prête 780 euros aujourd'hui, elle le remboursera, intérêts compris, en trois ans avec dix billets de 100 euros flambant neufs, soit 1000 euros. En admettant que l'intérêt est simple, quel est le taux d'intérêt dont bénéficiera Gilles ?

MÉTHODE

Cette fois encore, nous utiliserons la formule $I = Crt$, valable dans le cas d'un intérêt simple. Ici C est connu et vaut 780 ; t (le temps) vaut 3 (trois ans) et I (l'intérêt) vaut 1 000 – 780 euros, soit 220 euros. Lorsqu'on reporte ces valeurs dans la formule, il vient :

$$220 = (780)(r)(3)$$

Ce qu'il y a de bien avec la multiplication, c'est que l'ordre dans lequel elle est effectuée est sans importance – on dit que la multiplication est une *opération commutative* –, mais ce terme recouvre une réalité toute simple : il signifie simplement que 2 • 3 donne le même résultat que 3 • 2.

Dans notre exemple, cela veut dire qu'on peut sauter au-dessus de r et multiplier 3 par 780 :

$$220 = 2\,340(r)$$

Pour obtenir la valeur de r seul on divise alors des deux côtés par 2 340 :

$$\frac{220}{2\,340} = \frac{2\,340(r)}{2\,340} \text{ soit } 0{,}094 = r$$

SOLUTION

Quand on convertit ce nombre en pourcentage (en multipliant par 100) on voit que Gilles bénéficie d'un taux d'intérêt (intérêt simple) de 9,4 % sur les trois ans.

EXPONENTIELLES : ÉQUATIONS

Les exponentielles sont utilisées dans le domaine de la finance, en biologie (croissance et déclin), en physique (radioactivité), en chimie (vitesse de réaction), en économie (courbes d'offre et de demande) et ailleurs. De même, la vitesse de disparition d'une essence d'arbre due à l'attaque de certains parasites est exponentielle.

Nous appellerons équation exponentielle une équation dans laquelle l'inconnue figure en exposant, ce qu'il ne faut pas confondre avec une équation comportant des exposants ; $2^x = 8$ est donc une équation exponentielle contrairement à $x^2 = 9$, par exemple.
Avant de prendre deux exemples concrets d'équations exponentielles, voyons d'abord comment il est possible de résoudre ces problèmes.

Équations exponentielles

La résolution des équations exponentielles est parfois immédiate. Par exemple, au vu de $2^x = 8$, beaucoup proposeront $x = 3$, ce qui est correct. Ce genre d'intuition pour les nombres est difficilement explicable et en impose à beaucoup.
Nous convertissons d'abord 8 en une puissance de 2, de sorte que $2^x = 2^3$. Ensuite, nous comparons les exposants pour en conclure finalement que $x = 3$. De même, $3^{2x-1} = 27$, se résout en utilisant le même procédé : puisque 27 est égal à 3^3, nous écrivons $3^{2x-1} = 3^3$. Puisque la base est la même dans les deux cas, nous en concluons que $2x - 1 = 3$. Pour trouver x, nous additionnons 1 de part et d'autre, ce qui donne $2x = 4$. En divisant des deux côtés par deux, nous trouvons finalement $x = 2$.
Si nous prenons maintenant $2 \cdot 3^x = 162$, nous serions tentés de multiplier le 2 par le 3 pour commencer, à cela près que seul ce dernier porte l'exposant. Nous commençons donc par isoler l'exponentielle 3^x en divisant des deux côtés par 2, ce qui donne $3^x = 81$; 81 étant égal à 3^4, il vient $3^x = 3^4$, d'où, finalement, $x = 4$.
Tout cela semble prometteur, mais d'autres équations, en apparence faciles, telle $2^x = 12$, ne peuvent se résoudre de cette manière, à moins de se contenter d'affirmer que le résultat est compris entre 3 et 4 ($2^3 = 8$ et $2^4 = 16$).
La solution exacte requiert l'usage des logarithmes (voir p. 160-161).

Le dendroctone du pin jaune

Le *Dendroctonus ponderosae* ou dendroctone du pin jaune est un petit insecte causant de gros dégâts dans les forêts de Colombie britannique. Quand les hivers sont trop chauds, il se met à pulluler. Sa croissance est exponentielle dans les régions infestées.

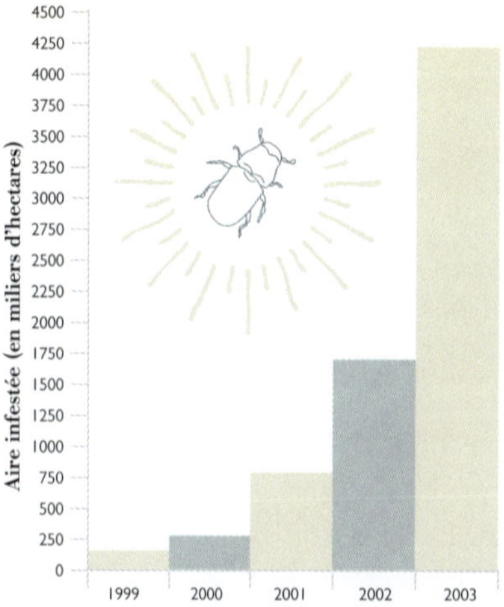

Année	Aire infestée (en milliers d'hectares)
1999	164,6
2000	284,0
2001	785,5
2002	1 968,6
2003	*4 200,0*

Utilisant une technique dite de régression que nous n'exposerons pas ici, nous pouvons établir une équation qui s'accorde au mieux avec les données du tableau ci-dessus.

Cette équation est $A = 63(2.32)^t$, où A est l'aire infectée et t le nombre d'années depuis 1998 (pour 1999, $t = 1$). Elle permet aux forestiers de prédire le niveau de dévastation. Dans la pratique, l'équation devient fausse lorsque le nutriment vient à se raréfier. L'insecte continue à se multiplier jusqu'à temps que les arbres qu'il dévore viennent à manquer, après quoi il meurt.

Désintégration radioactive

Le Canada produit une grande partie des isotopes radioactifs à usage médical utilisés dans le monde. En 2007, un des réacteurs produisant les isotopes a dû être fermé, ce qui a entraîné une pénurie mondiale. Nombreux sont ceux qui se sont plaints que les laboratoires Chalk River, où ces radio-isotopes sont produits, auraient dû constituer des réserves. Il y a là un malentendu : quand ils pensent à la radioactivité, les gens ont en tête les périodes très longues associées à la pollution due aux armes atomiques ou aux accidents nucléaires. En réalité, de nombreux éléments radioactifs ont une période très courte (la période est l'intervalle de temps au bout duquel la moitié des atomes de l'élément s'est désintégrée). La période de l'iode 131 utilisé dans le traitement du cancer de la thyroïde est, par exemple, de huit jours. On comprend donc qu'établir une réserve d'iode 131 pour pallier une panne d'un réacteur exige un surplus notable de production. Supposons que les besoins s'élèvent à 100 kg d'iode 131 à l'issue d'une fermeture de réacteur de trente-deux jours. L'équation pour la période d'un isotope étant $F = I(\frac{1}{2})^{\frac{j}{8}}$, où F est la quantité finale, I la quantité initiale et j le nombre de jours. Ici, dans notre exemple, $F = 100$ et $j = 32$, d'où I :

$$100 = I(\tfrac{1}{2})^{\frac{32}{8}}$$
$$100 = I(\tfrac{1}{2})^{4}$$
$$100 = I(\tfrac{1}{16})$$
$$1600 = I$$

Il faudrait donc avoir en réserve seize fois la quantité consommée en moyenne pour pouvoir continuer à alimenter normalement le marché en cas d'arrêt d'un réacteur pendant trente-deux jours.

Exercice 23 Intérêts composés

PROBLÈME

Sophie a eu une rentrée d'argent, 2 000 euros pour être précis. Elle décide de les placer sur un compte rémunéré. Le placement se fera sur quinze ans, à un taux composé annuel de six pour cent. Combien Sophie aura-t-elle d'argent sur ce compte au bout de quinze ans?

MÉTHODE

Par *intérêt composé*, on entend un intérêt calculé sur un capital accru de ses intérêts. L'investissement se faisant sur quinze ans, ce calcul aura lieu quinze fois. On doit donc calculer l'intérêt après un an et ajouter le résultat au capital, renouvelant cette opération pour chaque année en ajoutant à chaque fois le gain au capital de l'année précédente. On peut présenter les choses, année par année, à l'aide d'un tableau (ci-dessous).

On peut poursuivre le remplissage de ce tableau pour couvrir les quinze ans, mais au prix de beaucoup de calculs. Une manière plus commode de procéder consiste à faire usage de la formule $A = C(1 + r)^n$, où A est le gain à terme, C le capital, r le taux d'intérêt exprimé sous la forme d'un nombre (et non d'un pourcentage) et n le nombre d'années :

$$A = 2000(1 + 0{,}06)^{15}$$
$$A = 2000(1{,}06)^{15}$$
$$A = 2000(2{,}396\ 558\ 193)$$
$$A = 4793{,}11$$

Année	Capital	Intérêt ($I = Prt$)	Nouveau capital
1	2 000	120	2 120
2	2 120	127,2	2 247,2
3	2 247,2	134,832	2 382,032
…	…	…	…

SOLUTION

Au bout de quinze ans, Sophie aura 4 793,11 euros sur son compte. Cela montre toute l'importance des placements où l'intérêt est calculé sur un capital qui augmente d'année en année. Avec un intérêt simple, cette somme n'aurait été que de 3800 euros

Pour des précisions sur les exposants, voir p. 152-153.

LA FORMULE DES INTÉRÊTS COMPOSÉS

Pour obtenir cette formule, il faut prendre les choses dans l'autre sens. La première année, la somme sur le compte sera le capital initial augmenté de l'intérêt sur un an, soit $C + I$. Comme $I = Crt$, cela peut encore s'écrire $C + Crt$ (on remplace I par Crt). Puisqu'il ne s'agit que d'une année ($t = 1$), cela peut aussi écrire $C + Cr$, ou encore $1C + rC$, soit $C(1 + r)$, car C est facteur commun.
On obtient ainsi le capital de départ pour la deuxième année.
La deuxième année, le capital est encore augmenté de l'intérêt, à cela près que le capital est cette fois $C(1 + r)$, ce qui nous donne $C(1 + r) + I$, où $I = C(1 + r)\bullet r$ (on se rappelle que $t = 1$).
Pour cette deuxième année, la formule est donc plus compliquée, à savoir: $C(1 + r) + C(1 + r)\bullet r$. Ici, $C(1 + r)$ est facteur commun: elle peut donc encore s'écrire $C(1 + r)(1 + r)$ ou, si l'on veut, $C(1 + r)^2$.
Si cela paraît compliqué, on peut aussi changer la partie qui fait difficulté en quelque chose de plus simple, ici un symbole en forme de cristal de neige, posant $C(1 + r) =$ ❄. Cela aura pour effet de changer $C(1 + r) + C(1 + r)\bullet r$ en ❄ + ❄r, ce que l'on peut également écrire 1❄ + r❄. En mettant ❄ en facteur, on obtient ❄$(1 + r)$. En reconvertissant ❄ en $C(1 + r)$, nous obtenons pour finir $C(1 + r)(1 + r)$. Après trois ans, on a $C(1 + r)(1 + r)(1 + r)$ et au bout de quatre $C(1 + r)(1 + r)(1 + r)(1 + r)$.
À partir de là, on voit la formule générale émerger. Comme on l'a déjà vu, l'élévation à une puissance n'étant guère qu'une multiplication répétée, cette longue formule, dans le cas général, se réduit à $A = C(1 + r)^n$.

LOGARITHMES

Maintenant que nous avons vu les exponentielles, il est temps de nous atteler aux logarithmes. Les mathématiques consistent souvent à construire quelque chose et à fournir ensuite l'opération inverse. C'est ainsi que nous avons appris d'abord à additionner, puis à soustraire, à multiplier, puis à diviser et, après avoir défini les carrés, à extraire les racines carrées. La situation est la même en ce qui concerne les exponentielles et les logarithmes.

Logarithmes : nouvelles recrues

L'introduction des logarithmes est relativement récente. Ils apparaissent pour la première fois en 1614 dans *Mirifici logarithmorum canonis*, un ouvrage du mathématicien écossais John Napier (1550-1617). Ils furent découverts indépendamment à peu près en même temps par le mathématicien suisse Joost Bürgi (1552-1632), mais ce dernier ne publia ses résultats que quatre ans après Napier.

Les logarithmes furent inventés pour simplifier la multiplication et la division dans des cas compliqués. Elle constitue la raison d'être de la règle à calcul, qui, il n'y a encore pas si longtemps, était indispensable à bien des professions. Cet outil précieux a été remplacé par les calculettes, plus universelles et moins encombrantes.

Les logarithmes n'en continuent pas moins à être utilisés, principalement pour comparer des ordres de grandeur. Dans les applications, on utilise surtout les logarithmes de base 10.

Les logarithmes – ou « log » –, donnent l'exposant à utiliser pour exprimer un nombre sous la forme d'une puissance de 10. Ainsi, log(10) vaut-il 1, car $10 = 10^1$. Puisque $100 = 10^2$, $\log(100) = 2$. De même $\log(1000) = 3$, $\log(10\,000) = 4$, etc.

Et donc $\log(250) \approx 2{,}4$, car $250 \approx 10^{2{,}4}$.

Les logarithmes ont par conséquent pour effet de transformer des nombres très longs en nombres plus courts et, de ce fait, plus faciles à manipuler. Ainsi, tous les nombres compris entre un et un milliard peuvent-ils s'exprimer par un logarithme ne dépassant pas 9.

L'échelle de Richter pour les tremblements de terre, le pH utilisé par les chimistes et l'échelle des décibels (dB) pour le bruit utilisent tous les logarithmes.

Usages pratiques des logarithmes

L'échelle de Richter utilisée pour mesurer la magnitude des tremblements de terre en est un bon exemple. Comme il s'agit d'une échelle logarithmique, un écart de 1 correspond à une magnitude

dix fois plus importante. Un séisme de magnitude 7 sur l'échelle de Richter a donc une intensité mille fois plus élevée que s'il était de magnitude 4 et non pas trois fois ($7 - 4 = 3$; $10^3 = 1000$).
C'est pourquoi un tremblement de terre de magnitude 4 est à peine ressenti, contrairement à un tremblement de terre de magnitude 7.
Le pH sert à mesurer l'alcalinité et l'acidité d'une solution aqueuse. Sa définition est similaire à celle de l'échelle de Richter. C'est le logarithme négatif de la concentration en ions hydrogène, ce qui fait que plus une solution est acide et plus faible en est le pH. Cette échelle est comprise entre 1 et 14, où 1 indique un maximum d'acidité et 14 une alcalinité maximale. Par exemple, le lait peut avoir un pH de 6,5 alors que celui d'une boisson gazeuse peut se situer aux alentours de 2,5, faisant de cette dernière un breuvage 10 000 fois plus acide que le lait ($6{,}5 - 2{,}5 = 4$; $10^4 = 10\,000$).
L'échelle des décibels (dB) est très semblable à celle de Richter, à un détail de calcul près. Dix points sur l'échelle des décibels correspondent à un accroissement de dix fois de l'intensité du son.
La manière la plus simple d'utiliser l'échelle des décibels est de diviser le nombre par dix et de le traiter comme dans l'échelle de Richter.
La différence entre une musique très forte (100 dB) et une conversation normale (60 dB) correspond à une différence d'intensité de 10 000 : on divise les décibels par 10, puis on les soustrait, obtenant ainsi 4. La différence d'intensité est donc de 10^4, soit 10 000.
Un bruit intense peut provoquer des lésions auditives permanentes. Pour un accroissement de 5 dB, le temps d'exposition entraînant des lésions décroît de moitié. On peut rester exposé à un bruit de 90 dB pendant quatre heures avant de risquer une lésion auditive permanente ; à 120 dB, ce délai tombe à quatre minutes seulement.

• L'échelle des décibels

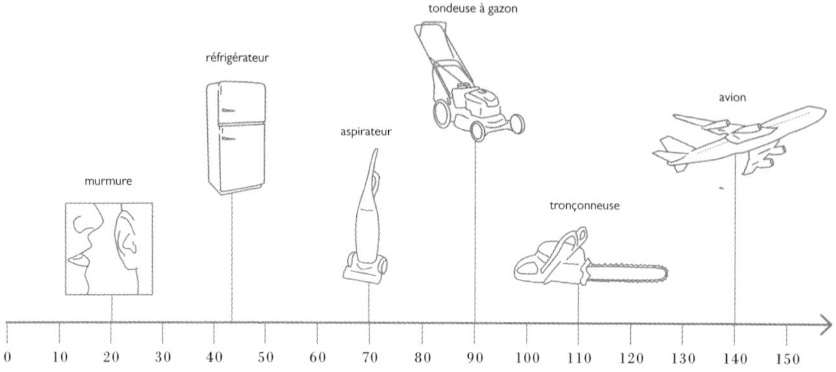

INTÉRÊTS : RÈGLE DES 72

Il s'agit d'un procédé rapide et facile pour estimer le temps qu'il faut pour que double un investissement à un taux d'intérêt donné. La formule se résume à $temps = \frac{72}{taux}$. Ainsi, le temps nécessaire pour voir doubler un investissement à 6 % par an est-il de $\frac{72}{6}$, soit douze ans. Cette règle est commode, mais elle est empirique et ne donne pas un résultat très précis.

Premiers calculs

La règle ne fournit qu'une approximation. La solution exacte est fournie par l'équation $2 = 1(1{,}06)^n$ (formule pour l'intérêt composé, vue à la p. 158). Ici, nous investirons un capital de 1 euro et la somme finale sera de 2 euros. La variable à trouver, n, figure en exposant. Il nous faut donc utiliser les logarithmes, introduits p. 160-161.

La formule de l'intérêt composé est :

$$A = C(1 + r)^n$$

Dans notre exemple, $C = 1$ euro, $A = 2$ euros et l'intérêt r vaut 6 %. Note : nous utilisons 1 pour le capital afin de faciliter les calculs, mais n'importe quel autre nombre ferait l'affaire. Il vient :

$$2 = 1(1 + 0{,}06)^n$$

Après simplification, $2 = 1(1{,}06)^n$ et après division par 1 des deux côtés, $2 = 1{,}06^n$. Prenons maintenant le logarithme : $\log(2) = \log(1{,}06)^n$

Mettons n devant (ce que permet l'une des nombreuses propriétés des logarithmes), on obtient alors :

$$\log(2) = n\log(1{,}06)$$

Divisons ensuite par log(1,06) :

$$\frac{\log(2)}{\log(1{,}06)} = n$$

ce qui donne $11{,}9 = n$.

Dans le cas présent, la réponse approximative est douze ans, alors que la réponse exacte est onze ans et 327 jours, soit environ un mois de moins. Une erreur de 1 mois sur 143 est une approximation tout à fait satisfaisante.

Qu'en est-il de la précision ?

La réponse approximative coïncide avec la réponse exacte pour un taux d'intérêt de 7,85 % environ. L'erreur est de l'ordre du mois pour un taux situé entre 6,30 % et 10,43 %, de l'ordre de deux mois pour un taux d'intérêt compris entre 5,26 % et 15,66 %. Pour un taux inférieur à 7,85 %,

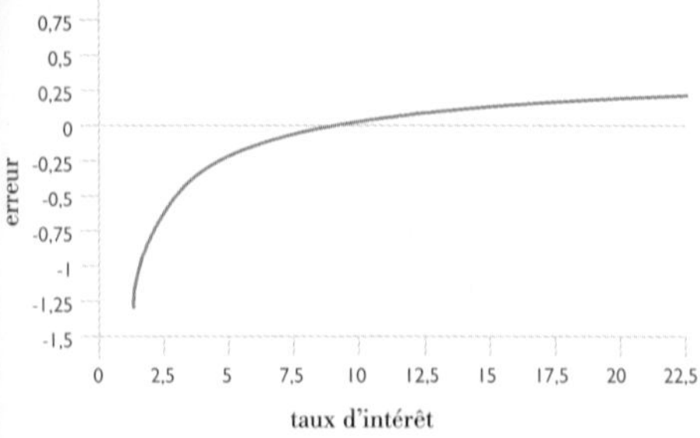

la « règle des 72 » surestime le temps nécessaire, ce qui présente au moins l'avantage psychologique de réserver une bonne surprise à terme.

Deux autres exemples

Déterminons le temps nécessaire approximatif pour que double un investissement à 8 %, respectivement à 4 %, ainsi que le temps exact pour ces mêmes taux.

Solution approchée :

Pour 8 %, $temps = \frac{72}{8} = 9$ ans

Pour 4 %, $temps = \frac{72}{4} = 18$ ans

Solution exacte :

Pour 8 % :

$$2 = 1(1{,}08)^n$$
$$2 = 1{,}08^n$$
$$\log^2 = \log 1{,}08^n$$
$$\log^2 = n\log 1{,}08$$
$$\frac{\log^2}{\log 1{,}08} = n$$
$$9{,}01 = n$$

Pour 4 % :

$$2 = 1\,(1{,}04)^n$$
$$2 = 1{,}04^n$$
$$\log^2 = \log 1{,}04^n$$
$$\log^2 = n\log 1{,}04$$
$$\frac{\log^2}{\log 1{,}04} = n$$
$$17{,}67 = n$$

Pour 8 %, la règle sous-estime donc le temps de deux à trois jours. Sur neuf ans, cela est négligeable. Pour 4 %, la règle empirique surestime le temps nécessaire d'environ 120 jours, soit quatre mois, en sorte qu'elle est assez nettement moins précise dans ce cas, à cela près qu'elle présente, comme nous en avons déjà fait la remarque plus haut, un avantage psychologique : elle s'accompagnera d'une agréable surprise. On peut noter que la solution exacte se réduit toujours à log(2) divisé par log(1 + le taux d'intérêt).

Inversement…

L'Islandaise Hildigunnur a acheté une maison à Reykjavík au printemps 1997. Au printemps 2007, sa valeur était estimée à deux fois le prix qu'elle l'avait payée dix ans auparavant.
Avant l'effondrement économique qu'a subi l'Islande en 2008, elle ne se faisait donc guère de souci, mais, par curiosité, voulut néanmoins connaître le taux de son investissement. À cette fin, elle utilisa la « règle de 72 » en question ici, calculant donc $taux = \frac{72}{temps}$.

Cette estimation rapide lui permit d'évaluer son taux d'investissement à 7,2 %.
Depuis, bien sûr, elle préfère ne pas savoir quelle est la valeur actuelle de sa maison…

Exercice 24

65 ans et la retraite-surprise

PROBLÈME

Anne envisage de mettre de côté 1 000 euros lors de chaque anniversaire à partir de ses vingt ans, jusqu'à l'âge de vingt-neuf ans. Jean, lui, veut profiter de la vie pleinement pendant qu'il est encore jeune et ne commencera à économiser 1 000 euros par an qu'à partir de trente ans, jusqu'à soixante-quatre ans. Sachant qu'il s'agit d'un placement à intérêt composé annuel de 6,6 % par an, lequel des deux aura plus économisé lorsqu'ils auront atteint l'âge de soixante-cinq ans ?

MÉTHODE

Examinons d'abord le cas d'Anne, jeune femme pleine de bon sens. Les 1000 euros qu'elle déposera à l'âge de vingt ans seront investis sur 45 ans, son prochain dépôt le sera sur 44 ans, et ainsi de suite jusqu'au dernier qui sera investi sur 36 ans. Si l'on traite chacun de ces investissements séparément, on obtient le tableau ci-dessous. Les nombres de la colonne intitulée « valeur à 65 ans » doivent être additionnés pour obtenir l'investissement total, ce qui donne :

$$\textit{total} = 1000(1{,}066)^{36} + 1000(1{,}066)^{37} + \ldots + 1000(1{,}066)^{44} + 1000(1{,}066)^{45}$$

Âge	Valeur à 65 ans	Âge	Valeur à 65 ans
20	$1\,000(1{,}066)^{45}$	25	$1\,000(1{,}066)^{40}$
21	$1\,000(1{,}066)^{44}$	26	$1\,000(1{,}066)^{39}$
22	$1\,000(1{,}066)^{43}$	27	$1\,000(1{,}066)^{38}$
23	$1\,000(1{,}066)^{42}$	28	$1\,000(1{,}066)^{37}$
24	$1\,000(1{,}066)^{41}$	29	$1\,000(1{,}066)^{36}$

On reconnaît là une série géométrique limitée à dix termes, où le premier terme est $a = 1\,000(1{,}066)^{36}$ et un taux d'intérêt de 1,066. En faisant usage de la formule pour les séries géométriques (voir p. 149), il vient :

$$S_n = \frac{a(r^n - 1)}{r - 1}$$

D'où la somme :

$$S_n = \frac{a(r^n - 1)}{r - 1}$$

$$S_n = \frac{1\,000(1{,}066)^{36}(1{,}066^{10} - 1)}{1{,}066 - 1}$$

Après mise en facteurs, il vient :

$$S_n = \frac{1\,000(1{,}066^{46} - 1{,}066^{36})}{0{,}066}$$

$$S_n = 135\ 350{,}47 \text{ euros}$$

Voyons maintenant le cas de Jean.
La somme qu'il déposera à trente ans sera investie sur 35 ans, la suivante le sera sur 34, jusqu'à la dernière, qui sera investie sur un an. En traitant chaque investissement séparément, on obtient le tableau ci-dessous (vue partielle).

$total = 1000(1{,}066)^1 + 1000(1{,}066)^2 + \ldots + 1000(1{,}066)^{34} + 1000(1{,}066)^{35}$

C'est, là encore, une série géométrique limitée (35 termes). Le premier terme est $1000(1{,}066)^1$ et le taux d'intérêt est de 1,066. La formule pour les séries géométriques s'écrit ici $s = \frac{a(r^n - 1)}{(r - 1)}$, ce qui donne un total de :

$$S_n = \frac{1\,000(1{,}066)^1(1{,}066^{35} - 1)}{1{,}066 - 1}$$

Transférant $(1{,}066)^1$ à l'intérieur de la parenthèse, il vient :

$$S_n = \frac{1\,000(1{,}066^{36} - 1{,}066^1)}{0{,}066}$$

$$S_n = 135\ 105{,}47 \text{ euros}$$

SOLUTION

Bien qu'Anne n'ait investi que 10 000 euros, son gain final dépassera celui de Jean de 245 euros, et ce, alors que Jean aura, lui, investi quelque 35 000 euros.
La morale de l'histoire est que la retraite est le dernier de nos soucis à l'époque même où ce serait le meilleur moment pour la préparer.

Âge	Valeur à 65 ans	Âge	Valeur à 65 ans
30	$1\,000(1{,}066)^{35}$	62	$1\,000(1{,}066)^{3}$
31	$1\,000(1{,}066)^{34}$	63	$1\,000(1{,}066)^{2}$
32	$1\,000(1{,}066)^{33}$	64	$1\,000(1{,}066)^{1}$

Exercice 25

La retraite sur mesure...

PROBLÈME

John, un Américain de vingt ans, veut prendre sa retraite à cinquante-cinq ans et envisage donc d'épargner une certaine somme chaque mois. À combien doit s'élever cette somme ?

MÉTHODE

Tout d'abord, quelques précisions.
L'âge de John au moment de prendre sa décision est un paramètre important – qu'il ait vingt ans ou quarante-cinq, n'est pas indifférent –, mais il y a aussi la question du niveau de vie souhaité.
N'importe quel Américain peut prendre sa retraite à cinquante-cinq ans, mais encore faut-il que cela lui permette de vivre décemment. À l'heure actuelle, il faut à John 2 250 dollars par mois pour vivre. Compte tenu de la diminution des dépenses une fois sorti de la vie active, on estime le montant d'une retraite convenable à 60 % du revenu actif.
Il lui faudrait donc un revenu d'environ 1 350 dollars par mois.
Ensuite, intervient la durée de sa retraite. En effet, beaucoup d'Américains craignent de manquer d'argent si d'aventure ils vivaient « plus longtemps que prévu ». Quand on y songe, c'est là une situation paradoxale : dans l'ensemble les gens sont heureux de vivre le plus longtemps possible, mais, par ailleurs, cela les ronge de souci. Laissant de côté ce genre de considération, John estime qu'il vivra jusqu'à quatre-vingt-cinq ans.
Intervient aussi le type d'investissement envisagé. John investit à 6 % par an, soit 0,5 % par mois ($\frac{6\ \%}{12}$). L'expression « composé par mois » signifie ici que l'intérêt est calculé chaque mois.
Enfin, il faut compter avec l'inflation. On supposera, pour simplifier, qu'elle est constante et est de 2,5 %.

De combien a-*t*-il besoin ?

On pourrait penser que la question est résolue, puisque John a déjà décidé que ce serait 1 350 dollars par mois, ce qui, d'une certaine façon est exact. En fait, ces 1 350 dollars ne tiennent pas compte de l'inflation.
Il faut donc que John calcule ce que cette somme représentera réellement le moment venu. Étant donné qu'il estime que sa retraite durera trente ans,

il utilisera une date située à quinze ans après son départ en retraite pour calculer l'équivalent du dollar actuel pendant cette dernière. Après quinze ans de retraite, John aura soixante-dix ans. La formule donnant l'équivalent futur en dollars est celle de l'intérêt composé où le taux d'intérêt est remplacé par le taux d'inflation, lequel est 0,025.

$$D_{futur} = D_{actuel}(1 + taux)^{nombre\ d'années}$$
$$D_{futur} = 1\,350(1 + 0{,}025)^{50}$$
$$D_{futur} = 1\,350(1{,}025)^{50}$$
$$D_{futur} = 4\,640$$

Ainsi, ce qu'il peut acheter à l'heure actuelle pour 1 350 dollars coûtera-t-il 4 640 dollars dans cinquante ans.

Il faut maintenant calculer de quel capital il devra disposer à cinquante-cinq ans pour se constituer une rente qui lui fournira l'équivalent de 4 640 dollars par mois sur trente ans. La formule est :

$$capital = pension\ \frac{(1 - (1 + taux)^{-\ nombre\ de\ mois})}{taux}$$

où *capital* est l'inconnue ; la *pension* vaut 4 640 ; le taux est de 0,005 (0,5 % exprimé en chiffres ; se rappeler que l'on prend 6 % que l'on divise par 12 mois) et le *nombre de mois* est 360 (30 années de douze mois). Cela donne :

$$capital = 4\,640\frac{(1 - (1 + 0{,}005)^{-360})}{0{,}005}$$

$$capital = 4\,640\frac{(1 - (1{,}005)^{-360})}{0{,}005}$$

$$capital = 773\,913{,}09 \text{ dollars}$$

C'est le capital dont John aura besoin pour se constituer une retraite décente lorsqu'il aura cinquante-cinq ans.

Combien devra-t-il épargner ?

Il nous faut calculer combien il devra mettre de côté mensuellement pour disposer de 773 913,09 dollars lors de son départ en retraite. On appliquera ici la même formule qu'à la page 165.

$$capital = dépôt\ (1 + taux)\frac{[(1 + taux)^{nombre\ de\ mois} - 1]}{taux}$$

où *capital* vaut 733 913,09 dollars, le *dépôt* est ce que l'on cherche (le dépôt mensuel), le *taux* est de 0,005 (voir plus haut) et, pour finir, le *nombre de mois* de 420 (trente-cinq ans, en mois).

$$733\,913{,}09 = dépôt(1 + 0{,}005)\frac{[(1{,}005)^{420} - 1]}{0{,}005}$$

$$733\,913{,}09 = dépôt(1{,}005)\frac{[(1{,}005)^{420} - 1]}{0{,}005}$$

$$\frac{733\,913{,}09}{(1\,431{,}83385)} = dépôt(1{,}005)$$

$$dépôt = 512{,}57 \text{ dollars}$$

SOLUTION

Si John veut l'équivalent de 1 350 dollars par mois lorsqu'il sera à la retraite, il doit déposer 512,57 dollars par mois sur un compte-retraite. Il s'agit de dollars actuels, d'où un certain aléa. Tel est l'un des gros problèmes de la retraite constituée individuellement par capitalisation aux États-Unis.

CODES ET CHIFFRES

Quittant le domaine de l'argent, passons à celui de la protection des données. Que ferions sans comptes protégés par des mots de passe, sans numéro d'identité national, etc. ? Qu'il soit possible d'envoyer des messages et d'en recevoir sans qu'autrui puisse les lire à notre insu est bien entendu très important. L'art et les mathématiques du cryptage, ce qui inclut le codage, existent depuis les Grecs de l'Antiquité.

Pendant la plus grande partie de l'histoire de l'humanité, seuls les plus grands secrets politiques, militaires ou économiques furent codés, et peu de gens utilisaient la cryptographie. De nos jours, au contraire, elle concerne presque tout le monde : à chaque fois que nous utilisons une carte de crédit, que nous naviguons sur un site sécurisé, que nous ouvrons à distance notre voiture, nous utilisons les services de la cryptographie. Il n'empêche que nombreux sont ceux qui n'ont aucune idée de son importance réelle.

Codes

Il ne faut pas confondre codes et cryptogrammes. Bien qu'on utilise souvent ces mots indifféremment, ce sont en fait des choses bien distinctes. À strictement parler, un code est un langage secret dans lequel on donne à un mot un sens qui n'est pas le sien. C'est le genre de langage qui fut utilisé pour communiquer pendant la Résistance en France lors de la Seconde Guerre mondiale, avec des phrases sibyllines comme « Les carottes sont cuites ». L'armée américaine utilisa aussi des personnes parlant un langage codé. L'exemple le plus connu est celui de la langue Navajos, employée pour envoyer des secrets militaires.

Chiffres

À la différence des codes, les chiffres ne sont pas un langage secret, mais plutôt une manière de transformer le discours en quelque chose d'incompréhensible à ceux qui ne disposent pas de la clé nécessaire pour décrypter les messages. Une clé de cryptage est un algorithme qui permet de chiffrer et déchiffrer un message. L'expéditeur chiffre le texte à communiquer, produisant ainsi un texte chiffré, alors que le destinataire, déchiffrant à l'aide de la même clé, retrouvera le texte original.

Ce qui fait un bon chiffrage est la quantité de travail que son déchiffrement va nécessiter s'il est intercepté par quelqu'un qui ne possède pas la clé. Plus cela prendra de temps et meilleur sera le chiffrage.

Déchiffrage

En conclusion de notre périple algébrique, nous allons nous intéresser de plus près à deux chiffrages divertissants : le chiffrage de César (voir p. 170-171), simple, et celui, un peu plus élaboré, dit de Vigenère (voir p. 172-173), qui représente un progrès par rapport à celui de César, et qui était encore en usage pendant la guerre de Sécession.

Il s'agit de chiffrage par substitution de lettres. Les rubriques de jeux des journaux offrent quelquefois de petits textes de ce genre à décrypter. La solution demande l'application d'un algorithme et un peu de patience. Une bonne technique pour y parvenir consiste à établir un diagramme de fréquence des lettres : *e*, *n* et *s* contribuent pour près d'un tiers aux mots français. Sachant cela, on peut déjà assez facilement trouver par quelles lettres ces trois là sont représentées et, de proche en proche, deviner d'autres lettres.

Il y a encore d'autres méthodes, par exemple, un mot d'une lettre sera *a*, *à* ou *y*, en supposant que les espaces soient conservés par le chiffrage. Puis, on recherchera les mots à deux lettres, comme *et*, *ou*, *la*, *le*, *un*, etc., puis à trois lettres, tels *ici*, *une*, *les*, *des*, *est*, *sur*, etc.

D'autres chiffrages se font non pas par substitution, mais par brouillage en ajoutant des bribes de texte que l'on doit supprimer à l'aide d'une clé pour rendre l'ensemble intelligible à nouveau. Dans un tel cas, souvent seule une lettre sur dix (ou plus) est significative. Trouver les lettres significatives sans la clé s'apparente au travail patient de l'orpailleur.

Comme exemple d'un tel chiffrage, on peut citer le chiffre à gabarit. L'expéditeur envoie un message et le destinataire le couvre avec un masque percé de trous. Le texte non significatif est alors caché et la lecture devient possible. Si l'on dispose de temps, il est possible de décrypter sans masque les chiffres de ce type, mais le résultat peut être trompeur.

Enigma

Les plus fameux exemples de chiffres sont peut-être ceux produits par Enigma, la machine de cryptage utilisée par les Allemands pendant le Seconde Guerre mondiale. Les efforts de décryptage faits en Angleterre à Bletchley Park sont dits avoir hâté la fin de la guerre.

• Pendant la Seconde Guerre mondiale, les Allemands communiquaient par une sorte de télétype ressemblant en fait à la machine de cryptage *Enigma*.

Exercice 26

Le chiffre de César

PROBLÈME

Deux amis, Gérard et Marie décident d'organiser une fête en l'honneur d'Isabelle. Passant tout leur temps à papoter en ligne, ils décident donc d'utiliser par sécurité un code afin qu'Isabelle, si elle voit les messages, ne puisse le comprendre. Utilisez le chiffre de César afin de brouiller le message « LA FETE POUR ISABELLE AURA LIEU LE NEUF NOVEMBRE » et décodez la réponse « IH QHXI QRYHPEUH PH VHPEOH ELHQ FKRLVL. »

MÉTHODE

Le chiffre de César n'offre pas une protection très efficace, mais suffit dans le cas présent, peu important.

Il faut tout d'abord que Gérard et Marie décident du décalage de lettres qu'ils utiliseront : ce peut être n'importe quel nombre de un à vingt-cinq (pas vingt-six, qui laisserait le message en clair !). Puis on écrit l'alphabet sur une ligne et, en-dessous, l'alphabet décalé. Les deux amis ont choisi un décalage de trois, ce qui fait que A devient D, B devient E, etc., X, devenant A, Y devenant B, C correspondant finalement à Z. Après cela, la méthode à suivre est très simple : chaque lettre utilisée dans les mots du message original est remplacée par la lettre correspondante dans l'alphabet décalé. Les premières lettres du message deviendront donc « OD IHWH SRXU » (« LA FETE POUR » ; on remplace les lettres accentuées, d'ailleurs inexistantes à l'époque de César, par les lettres non accentuées correspondantes).
Ce code n'est pas particulièrement élaboré et les espaces entre les mots restent inchangés. Le message codé au complet sera « OD IHWH SRXU LVDEHOOH DXUD OLHX OH QHXI QRYHPEUH ».

A	B	C	D	E	F	G	H	I	J	K	L	M	N	O	P	Q	R	S	T	U	V	W	X	Y	Z
D	E	F	G	H	I	J	K	L	M	N	O	P	Q	R	S	T	U	V	W	X	Y	Z	A	B	C

Pour décoder la réponse « IH QHXI QRYHPEUH PH VHPEOH ELHQ FKRLVL », on utilise cette fois l'alphabet décalé, remplaçant chaque lettre du message codé par celle qui se trouver immédiatement au-dessus et l'on obtient finalement « LE NEUF NOVEMBRE ME SEMBLE BIEN CHOISI ».

On peut aussi exprimer le chiffre de César à l'aide d'une formule. Il faut d'abord assigner un nombre à chaque lettre. On posera $A = 0$, $B = 1$, $C = 2$, et ainsi de suite. La formule donnant le cryptage de César pourra donc s'écrire $E_n(x) = (x + n)\ (mod\ 26)$ où x est la lettre à crypter et n la valeur du décalage ; le « *mod* 26 » est introduit pour indiquer que le processus se fait en boucle, revenant donc à la première lettre de l'alphabet après *z*. La première lettre du message, L, étant la douzième lettre de l'alphabet et le décalage qu'elle subit étant trois, la formule donne $E_n(12) = (12 + 3)$, d'où $E_n(12) = 15$. Cela signifie que l'on remplace L par la quinzième lettre de l'alphabet, laquelle est O.

Comme on s'en doute, le déchiffrement utilise la formule $D_n(x) = (x - n)\ (mod\ 26)$. Pour déchiffrer le texte chiffré, il suffit d'introduire pour chaque lettre le nombre correspondant dans cette formule, ce qui donne $D_n(15)=(15-3)$ et donc $D_n(15)=12$. En d'autres termes, on remplace O par la douzième lettre de l'alphabet, c'est-à-dire par L.

SOLUTION

Une fois chiffré, le message « LA FETE POUR ISABELLE AURA LIEU LE NEUF NOVEMBRE » devient « OD IHWH SRXU LVDEOOH DXUD OLHX OH QHXI QRYHPEUH ». Après déchiffrement, la réponse « IH QHXI QRYHPEUH PH VHPEOH ELHQ FKRLVL » s'avère « LE NEUF NOVEMBRE ME SEMBLE BIEN CHOISI ».

DYH FDHVDU

On dit que le chiffre de César était toujours un décalage de trois, comme dans le titre ci-dessus. Seuls vingt-cinq décalages étant possibles, ce chiffre est très facile à décrypter. Il suffisait sans doute à César, parce que, de son temps, fort peu de gens savaient lire. Certains logiciels de messagerie comportent une fonction ROT13, laquelle n'est rien d'autre que le chiffre de César avec un décalage de treize lettres.

• On suppose que Jules César fut le premier à faire usage du chiffre qui porte son nom.

Exercice 27

Les chiffres de Vigenère

PROBLÈME

À la réflexion, Gérard et Marie trouvent le chiffre de César trop facile à déchiffrer et se décident finalement à utiliser le chiffre de Vigenère, plus robuste. Au lieu d'un décalage de lettres, ils choisissent un mot-clé. Utilisez le chiffre de Vigenère pour crypter « NOTRE PLAN EST EVENTE IL NOUS EN FAUT UN AUTRE » et pour déchiffrer « SP XTHXH EX BQNJGTI EHRG XGV IZWL GWK ».

MÉTHODE

Gérard et Marie décident que leur mot-clé sera les trois premières lettres (privées de leurs éventuels accents) du mois d'envoi de leur message, soit jan, fev, mar, etc. (pour juillet on prendra par exemple jul ou uil, car jui est déjà utilisé pour juin). En septembre, Marie crypte le message suivant à l'intention de Gérard : « Notre plan est éventé, il nous en faut un autre ».

Pour ce faire, elle a besoin d'un tableau (le chiffre de Vigenère ne diffère de celui de César que par un décalage non constant). Dans l'exercice 26, toutes les lettres subissaient un même décalage de trois ; cela correspond au rang D dans le tableau de la page suivante. Dans le chiffre de Vigenère le décalage change pour chaque lettre du message à chiffrer.

Gérard et Marie utilisent un mot-clé cyclique, puisqu'il change tous les mois, redevenant le même après douze mois.

BLAISE DE VIGENÈRE

Blaise de Vigenère (1523-1596) était un diplomate français. Il conçut effectivement un système de chiffrement, mais, assez curieusement, pas celui qui porte son nom, lequel fut en réalité décrit en 1553 par le cryptographe italien Giovan Battista Bellaso.

	A	B	C	D	E	F	G	H	I	J	K	L	M	N	O	P	Q	R	S	T	U	V	W	X	Y	Z
A	A	B	C	D	E	F	G	H	I	J	K	L	M	N	O	P	Q	R	S	T	U	V	W	X	Y	Z
B	B	C	D	E	F	G	H	I	J	K	L	M	N	O	P	Q	R	S	T	U	V	W	X	Y	Z	A
C	C	D	E	F	G	H	I	J	K	L	M	N	O	P	Q	R	S	T	U	V	W	X	Y	Z	A	B
D	D	E	F	G	H	I	J	K	L	M	N	O	P	Q	R	S	T	U	V	W	X	Y	Z	A	B	C
E	E	F	G	H	I	J	K	L	M	N	O	P	Q	R	S	T	U	V	W	X	Y	Z	A	B	C	D
F	F	G	H	I	J	K	L	M	N	O	P	Q	R	S	T	U	V	W	X	Y	Z	A	B	C	D	E
G	G	H	I	J	K	L	M	N	O	P	Q	R	S	T	U	V	W	X	Y	Z	A	B	C	D	E	F
H	H	I	J	K	L	M	N	O	P	Q	R	S	T	U	V	W	X	Y	Z	A	B	C	D	E	F	G
I	I	J	K	L	M	N	O	P	Q	R	S	T	U	V	W	X	Y	Z	A	B	C	D	E	F	G	H
J	J	K	L	M	N	O	P	Q	R	S	T	U	V	W	X	Y	Z	A	B	C	D	E	F	G	H	I
K	K	L	M	N	O	P	Q	R	S	T	U	V	W	X	Y	Z	A	B	C	D	E	F	G	H	I	J
L	L	M	N	O	P	Q	R	S	T	U	V	W	X	Y	Z	A	B	C	D	E	F	G	H	I	J	K
M	M	N	O	P	Q	R	S	T	U	V	W	X	Y	Z	A	B	C	D	E	F	G	H	I	J	K	L
N	N	O	P	Q	R	S	T	U	V	W	X	Y	Z	A	B	C	D	E	F	G	H	I	J	K	L	M
O	O	P	Q	R	S	T	U	V	W	X	Y	Z	A	B	C	D	E	F	G	H	I	J	K	L	M	N
P	P	Q	R	S	T	U	V	W	X	Y	Z	A	B	C	D	E	F	G	H	I	J	K	L	M	N	O
Q	Q	R	S	T	U	V	W	X	Y	Z	A	B	C	D	E	F	G	H	I	J	K	L	M	N	O	P
R	R	S	T	U	V	W	X	Y	Z	A	B	C	D	E	F	G	H	I	J	K	L	M	N	O	P	Q
S	S	T	U	V	W	X	Y	Z	A	B	C	D	E	F	G	H	I	J	K	L	M	N	O	P	Q	R
T	T	U	V	W	X	Y	Z	A	B	C	D	E	F	G	H	I	J	K	L	M	N	O	P	Q	R	S
U	U	V	W	X	Y	Z	A	B	C	D	E	F	G	H	I	J	K	L	M	N	O	P	Q	R	S	T
V	V	W	X	Y	Z	A	B	C	D	E	F	G	H	I	J	K	L	M	N	O	P	Q	R	S	T	U
W	W	X	Y	Z	A	B	C	D	E	F	G	H	I	J	K	L	M	N	O	P	Q	R	S	T	U	V
X	X	Y	Z	A	B	C	D	E	F	G	H	I	J	K	L	M	N	O	P	Q	R	S	T	U	V	W
Y	Y	Z	A	B	C	D	E	F	G	H	I	J	K	L	M	N	O	P	Q	R	S	T	U	V	W	X
Z	Z	A	B	C	D	E	F	G	H	I	J	K	L	M	N	O	P	Q	R	S	T	U	V	W	X	Y

Le message de Marie ayant été envoyé en septembre, le mot-clé est SEP, ce qui signifie qu'il faut utiliser les rangs S, E et P dans le tableau ci-dessus.

	A	B	C	D	E	F	G	H	I	J	K	L	M	N	O	P	Q	R	S	T	U	V	W	X	Y	Z
S	S	T	U	V	W	X	Y	Z	A	B	C	D	E	F	G	H	I	J	K	L	M	N	O	P	Q	R
E	E	F	G	H	I	J	K	L	M	N	O	P	Q	R	S	T	U	V	W	X	Y	Z	A	B	C	D
P	P	Q	R	S	T	U	V	W	X	Y	Z	A	B	C	D	E	F	G	H	I	J	K	L	M	N	O

Pour coder la première lettre du message, N, on utilise le rang S, pour la seconde, le rang E, pour la troisième le rang P. Arrivé à la quatrième lettre, on utilise à nouveau le rang S, puis le rang E pour la suivante, etc., jusqu'à ce que tout le message ait été chiffré. « Notre plan est éventé, il nous en faut un autre » devient donc, après suppression des signes de ponctuation et des accents, « FSIJ EDEC WWI WZTFXT AP CGYH WR USYI MR PMXGW ».

Pour décoder la réponse chiffrée de Gérard, « SP XTHXH EX BQNJGTI EHRG XGV IZWL GWK », Marie utilise les rangs O, C et T, car cette réponse a été faite en octobre.

	A	B	C	D	E	F	G	H	I	J	K	L	M	N	O	P	Q	R	S	T	U	V	W	X	Y	Z
O	O	P	Q	R	S	T	U	V	W	X	Y	Z	A	B	C	D	E	F	G	H	I	J	K	L	M	N
C	C	D	E	F	G	H	I	J	K	L	M	N	O	P	Q	R	S	T	U	V	W	X	Y	Z	A	B
T	T	U	V	W	X	Y	Z	A	B	C	D	E	F	G	H	I	J	K	L	M	N	O	P	Q	R	S

Pour ce déchiffrement, elle cherche la lettre S dans le rang O et voit qu'elle correspond à la lettre E ; ensuite, elle cherche la lettre P dans le rang C : elle provient de la lettre N ; la lettre X, dans le rang T, se déchiffre en la lettre E. Et ainsi de suite, jusqu'à déchiffrement complet.

Une fois déchiffrée, la réponse faite par Gérard est « EN EFFET CE NOUVEAU CODE EST PLUS SUR ».

SOLUTION

Le message de Marie « Notre plan est éventé, il nous en faut un autre » devient, après chiffrement, « FSIJ EDEC WWI WZTFXT AP CGYH WR USYI MR PMXGW ».

La réponse de Gérard, « SP XTHXH EX BQNJGTI EHRG XGV IZWL GWK », après déchiffrement, se lit « En effet, ce nouveau code est plus sûr ».

INDEX

GLOSSAIRE

Les termes et symboles sont expliqués dans le texte, là où ils sont introduits. Quelques-uns sont repris ici, par commodité pour le lecteur.

Base Variable ou nombre auquel la puissance s'applique ; par exemple, dans x^2, x est la base.

Coefficient Valeur constante qui multiplie une variable ; par exemple, dans $3x^2$, 3 est le coefficient.

Équation Une équation inclut toujours un signe égal ; par exemple, $3x - 5 = 13$ est une équation. Note : le symbole ≈ veut dire « approximativement égal à ».

Exposant Le nombre ou la variable faisant partie d'une puissance et qui indique la multiplication répétée de la base par elle-même ; par exemple, dans x^2, le ^{2} est l'exposant et l'expression équivaut à $x \cdot x$.

Expression Suite de nombres et de variables ne comportant aucun signe égal ni d'inégalité ; par exemple, $(3x - 4) + 5$ est une expression.

Inéquation Deux expressions reliées par un signe d'inégalité ; par exemple, $3(x + 2) \geq 2x + 5$. Les signes d'inégalité sont < (moins grand que), > (plus grand que), ≥ (plus grand ou égal à) et ≤ (plus petit ou égal à).

Multiplication Le symbole • est utilisé ici à la place de × pour éviter les confusions avec la variable x. La multiplication est aussi indiquée en rapprochant les nombres ou les variables ; par exemple, $x \cdot y$ et xy se lisent « x multiplié par y ».

Opération Action mathématique ; par exemple, l'addition ou la soustraction.

Plus ou moins Indiqué par le symbole ± : cela représente deux équations à l'intérieur d'une seule formule, donc aussi deux solutions ; par exemple, la formule $(x + 3) = \pm 7$ mène à deux solutions correctes, $x = -10$ et $x = 4$.

Polynôme Suite de termes qui inclut des exposants entiers ; un polynôme d'un seul terme s'appelle un monôme, avec deux termes c'est un binôme, un trinôme dans le cas de trois termes.

Puissance À strictement parler, la combinaison d'une base et d'un exposant ; par métonymie, désigne aussi l'exposant seul.

Terme Un nombre ou une variable ou le produit de plusieurs nombres ou variables qui est séparé d'un autre terme par addition ou soustraction. Des termes sont dit *semblables*, s'ils ont le même type et le même nombre de variables ; par exemple, $6x^2$ et $8x^2$ sont des termes semblables, alors que $6x^2$ et $8x$ ne le sont pas ; de même $6y^2$ et $8x^2$ ne sont pas des termes semblables.

Variable Symbole, souvent x ou y, utilisé pour représenter une valeur variable dans un terme.